希望本丛书对培养学生，特别是理科博士生们的科学创造能力会有所助益。

林定夷

LDY 科学哲学丛书

华侨大学人文社会科学研究基地资助

Guanyu Shizailun De Kunhuo Yu Sikao

# 关于实在论的困惑与思考

## —— 何谓“真理”

林定夷/著

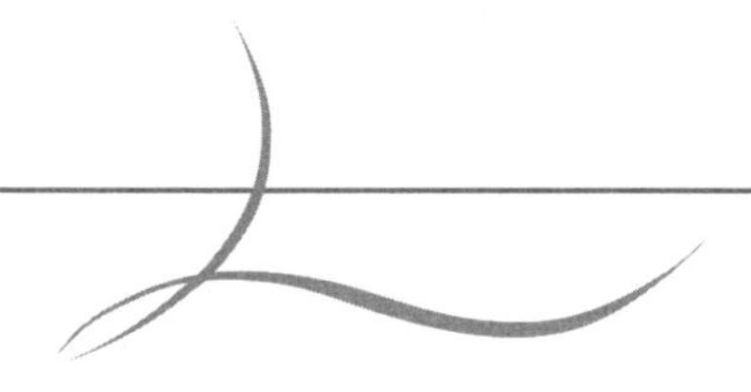

·广州·

**图书在版编目（CIP）数据**

关于实在论的困惑与思考：何谓“真理”/林定夷著．—广州：中山大学出版社，2016. 10

（LDY 科学哲学丛书）

ISBN 978 – 7 – 306 – 05688 – 7

Ⅰ. ①关… Ⅱ. ①林… Ⅲ. ①科学哲学 Ⅳ. ①N02

中国版本图书馆 CIP 数据核字（2016）第 092944 号

**出 版 人：徐 劲**
策划编辑：周建华
责任编辑：翁慧怡
封面设计：林绵华
责任校对：刘丽丽
责任技编：何雅涛
出版发行：中山大学出版社
电　　话：编辑部 020 – 84111996，84113349，84111997，84110779
　　　　　发行部 020 – 84111998，84111981，84111160
地　　址：广州市新港西路 135 号
邮　　编：510275　　　　传　真：020 – 84036565
网　　址：http://www. zsup. com. cn　　E-mail:zdcbs@ mail. sysu. edu. cn
印 刷 者：广东省农垦总局印刷厂
规　　格：787mm × 1092mm　1/16　6 印张　100 千字
版次印次：2016 年 10 月第 1 版　2016 年 10 月第 1 次印刷
定　　价：29. 00 元

# 作者简介

林定夷，男，1936年出生于杭州，中山大学退休教授，曾兼任国家教育部人文社会科学重点研究基地评审专家，教育部科学哲学重点研究基地（山西大学科学技术哲学研究中心）首届学术委员会委员，中国自然辩证法研究会科学方法论专业委员会理事，华南师范大学客座教授，《自然辩证法研究》通讯编委，《科学技术与辩证法》编委，目前仍兼任国家自然辩证法名词审定委员会委员，中国自然辩证法研究会科学方法论专业委员会顾问，华侨大学问题哲学研究中心学术委员会主席。此前曾出版学术专著《科学研究方法概论》《科学的进步与科学目标》《近代科学中机械论自然观的兴衰》《科学逻辑与科学方法论》《问题与科学研究——问题学之探究》《科学哲学——以问题为导向的科学方法论导论》，编撰大学教程《系统工程概论》，主编《科学·社会·成才》，在国内外发表学术论文100余篇。其学术研究成果曾获得首届全国高校人文社会科学研究优秀成果奖二等奖、全国自然辩证法优秀著作奖二等奖、中南地区大学出版社首届学术类著作奖一等奖、全国大学出版社首届学术类著作奖一等奖、广东省哲学社会科学研究优秀成果奖一等奖、首届广东省高校哲学社会科学研究优秀成果奖二等奖、中山大学老教师学术著作奖等多种奖励。

# 总　　序

我在拙著《科学哲学——以问题为导向的科学方法论导论》一书中，曾经较系统地阐述了我对科学哲学几十年研究思考的一些成果，于2009年出版并于2010年重印。从此书出版后的五六年间的情况来看，读者们对此书的反映良好，在某种程度上，甚至有些出乎我的意料。当年，当出版社与我商量出版此书的时候，我明白地向他们坦陈：出版我的这本书肯定是要亏本的，它不可能畅销；我的愿望只是，这本书出版后，第一年有10个人看，10年后有100个人看，100年后还有人看。但出版社的总编辑周建华先生却以出版人的特有的眼光来支持我的这本书的出版，他主动为我向学校申请了中山大学学术著作出版基金，并于2009年让它及时问世。从出版后的情况来看，情况确实有些超乎我的想象。这本书的篇幅长达72.5万字，厚得像一块砖头，而且读它肯定不可能像读小说那样地轻松愉快。设身处地地想，要“啃”完它，那确实是需要耐心、恒心的。但事后看来，第一年过去，肯定有10个以上的人看完了它（我这里说的不是销量，销量肯定是这个数的数十倍乃至上百倍，但我关心的是读者有耐心确实看完了它，因为这才是我和读者的心灵交流），因为在网上读者阅后对它发表了评论的就不下10人。现在5年过去，读完此书的人也肯定不止10人，也不止100人，因为已经看到至少有百人左右在网上发表了他们阅读后或简或繁的评论。更重要的是，读者与我之间发生了某种共鸣，甚至给了我某种特殊的好评。就在亚马逊网上，我看到至少有7个评论，其中有一位先生做出了如下评论，兹录如下：

评论者　caoyubo

该书为中国本土科学哲学家最有学术功力著作之一，几乎在每一个科学哲学的主题方面作者都能做到去粗取精，去伪存真，发自己创见之言，特别在构建理论、科学问题、科学三要素目标、科学革命机制等章节都有超越波普尔、库恩等大师的学术见解。作者通过分析介绍前人观点，分析得失，提出问题，给出自己解决结果，展现科学哲学的背景知识和自己贡献，分析深透，论证有力，结论信服。该（书）应该成为我国基础研究人员和对科学方法论关心的人员的必读著作。本书是笔者见到的本土最有力度的科学哲学著作，乃作者一生心血之结晶。

（注：其中括号内的“书”字可能是评论者遗漏，我给补充上去的——林注）

还有一些年轻的朋友发表了如下评论和感慨：

评论者　yeskkk

可惜我不敢攻读哲学类的专业，不然我肯定会报读中大的哲学，日后就研究科学哲学！我并非完全赞成作者的观点，但我是被说服了。我只感到很难反驳，我只能拥护他的观点。要说使得我不得不每页花上两分钟来看的书（不是说很难看，而是佩服得不敢快点看），目前就只有《给教师的建议》和这本书了。

评论者　yaogang

通读完这本书，感觉很有价值，本是抱着试试看的态度买这本书的，殊不知咱国内也有写出这样著作的学者，不容易！！！！

更令人欣慰的是，复旦大学哲学学院科学哲学系（筹）系主任张志林教授亲口告诉笔者，他们指定我的这本书是该系科学哲学博士生唯一的一本中文必读参考书。

但通过与读者交流和我自己的反思，我深感我的那本书还没有完全实现我的初衷，也并未能真正满足读者的需要。我写的那本《科学哲学——以问题为导向的科学方法论导论》，其本意是要面向科技工作者、理工科的研究生（博、硕）、大学生，尤其是那些正从事研究的科学家们的。在那里我写道："在我看来，科学哲学的著作，应当具有大众性。它的读者对象绝不应该只局限于科学哲学的专业小圈子里，它更应该与科学家以及未来的科学家的后备队，包括大学生、研究生进行交流。让他们一起来思考和讨论这些问题，以便从中相互学习，相得益彰。"但这本书写得这么厚，就十分不便于实际工作中的科学家和学生花费那么大的精力和那么多的时间去啃读它，所以有的实际科研工作者诚恳地向我建议，应当把它打散成为一些分专题的小册子，让实际的科研工作者和学生有选择地看自己想要看的那个专题。

此外，那本书主要是以学术著作的形式来写作和出版的，因此主要就限制在从正面来阐述和论证我的学术见解，对于本应予以批判的某种影响广泛的庸俗哲学以及在国内甚至在科学界存在的混淆科学与非科学甚至伪科学的情况，虽然我如骨鲠喉，不吐不快，但是为了让此书在我国当时的条件下能顺利出版，我还是强使自己"咽住不吐"，即使有所漏嘴，也没能"畅所欲言"。现在，我想在这套丛书中，来补正这两个缺陷。我把这套丛书定位在中高级科普的层次上，主要对象就是科技工作者和正在跟随导师从事研究的理工农医科博、硕研究生以及有兴趣于科学哲学的广大知识分子。

一般说来，所谓"高级科普"，其本来的含义是指"科学家的科普"，即专业科学家向非同行科学家介绍本专业领域最新进展的"科普"，是以（非同行）科学家为对象的"科普"，而这样的"科普"同时具有很强的学术性，是熔"学术性"与"科普性"于一炉的"科普"。而"中级科普"则是介于高级科普与完全大众化的所谓"低级科普"之间的科普。当然，我们这样来定位"高级科普"，是以某些成熟的自然科学为参照来说的。其实，所谓的"学术性"与"科普性"，在不同的学术领域是不同的。特别是就某些哲学和社会科学领域而言，它们的"学术论文"往往并不像某些成熟的自然科学领域的研究论文那样，仅仅是提供给少数的同行专家们看的，并且也只有少数同行专家才能看得懂。相反，在这些哲学、社会科学领域里所产生的研究论文，尽管都是合乎标准的“学术论文”，但它们本身却同时具有“大众性”。这些论文往往是提供给大众看的，至少对于知识分子“大众”而言，他们往往是能够大体读懂它们的。因此，这些学术性的研究论文，它们本身已具有一定的科普性。在那里，中、高级科普与学术论文就“大众性”方面而言，其界限往往是模糊的。此外，我们还得说清楚，我们在这里把这套丛书定位在“中高级科普”的层次上，也只能说是一种借喻，在某种意义上，它是“词不达意”的。其关键就在于“科普”这个词上。“科普”者，乃是指“科学普及”，但我们这套丛书乃是科学哲学的普及读物。而哲学，包括科学哲学，并不是可以笼统地叫作“科学”的。相反，除了认识论等等局部领域以外，就哲学的总体而言，其主体是不能称之为“科学”的。关于这一点，大家阅读了本丛书的第一分册《科学·非科学·伪科学：划界问题》以后，就会知道了。所以，本丛书原则上是一套中高级的科学哲学普及读物，而哲学，包括科学哲学，就目前的发展水平而言，除了某些领域（如逻辑学、分析哲学、语言哲学和部分意义上的科学哲学等）以外，其学术性与中高级科普的界限实际上还是难以区分清楚的。

在本丛书中，作者除了想克服前述的两个缺陷以外，更想在已有研究的基础上，对科学哲学中诸多问题的思考，做出进一步的深化和拓展。所以在本丛书中，作者在已发表的成果的基础上，对不少问题的研究做出进一步的展开，此外，还对一些重要问题做了深化的表述。

作为科学哲学丛书，我们想在这里首先向读者简要介绍何谓“科学哲学”。“科学哲学”这一词组，它所对应的是英语中 philosophy of science 这个词组，它的主体部分是科学方法论。英语中有另一个词组是 scientific philosophy，业界约定把这个词组翻译为“科学的哲学”，这个词组的意思是，有一种哲学，它是具有“科学性”的，因而它本身可以看作一门“科学”。实际上，像这样的所谓的“scientific philosophy”是不存在的。虽然有的哲学常常自夸它是一种具有科学性的“哲学”，或者自命自己是一门“科学”，甚至是

“科学的最高总结”。而关于 philosophy of science，从业界的习惯而言，对它（即“科学哲学”）可以有广义和狭义的理解。从狭义而言，科学哲学就是“科学方法论”。而“科学方法论”也并不研究科学中所使用的一切方法。科学中所使用的方法（the methods used in science）原则上可以分为两类：一是由科学理论所提供的方法，二是由元科学理论所提供的方法。

从原则上说，任何一门科学理论都具有方法上的意义，都能向我们提供一定领域中的科学研究的方法。因为任何一门科学（自然科学和社会科学）都研究并向我们提供了一定领域中的自然和社会发展的规律，而从一定意义上说，所谓方法，就是规律的运用；方法是和规律相并行的东西，遵循规律就成了方法。所以，从这个意义上说，尽管为了实现一定的目的，方法可以是多样的，但方法又不是任意的。我们演算一道数学题，尽管可以运用许多种方法，但是它们实际上都要遵循数学的规律，都是数学规律的运用。在生物学研究中，我们运用分类方法，这种分类方法的实质是对自然界中生物物种关系的规律性知识的运用；人们首先获得了这种规律的认识，然后再自觉地运用这种规律去认识自然，就成了方法。同样，光谱分析法是近代化学分析中的一个极其重要的方法。但这种方法的基础就是对各种元素的原子光谱谱线的规律性的认识，把这种规律性认识运用于进一步的研究，就成了光谱分析法。由此可见，科学研究中所运用的方法，有一部分是由（自然）科学理论本身所提供的，是存在于（自然）科学本身之中的。一般而言，对自然界任何规律（一般规律和特殊规律）的认识，都可使之转化为对自然界的研究方法（对社会规律的认识也一样）。我们所认识的规律愈普遍，其所对应的方法所适用的范围也愈宽广；反之，由特殊规律转化而来的方法也只适用于特殊的领域。

但是，自然规律是自然科学的研究对象，这种由自然规律转化而来的方法（如生物分类法、光谱分析法）是各门自然科学的内容，也就根本用不着建立另外的什么学科来涉足这些方法了。原则上，这种由自然规律转化而来的方法可以归入 scientific methods 一类，虽然它也是一种 the methods used in science。所以，科学方法论作为一门研究专门领域的独立的学科，并不研究科学中所运用的这样一类方法，即由各门科学理论本身所提供的那种方法。

那么，科学方法论究竟研究一些什么样类型的“科学方法”呢？

问题在于：在科学中，除了必须运用由各门自然科学理论本身所提供的方法以外，在各门科学的研究中，还不得不运用另一类方法，即通过研究元科学概念和元科学问题所提供的方法。科学方法论所研究的正是这一类方法，所以，科学方法论是一门独特的学科，它有自己的独特的研究领域；它是一门以元科学概念和元科学问题为研究对象的特殊学科。因为它以元科学概念和元科学问题为对象，所以归根结底它也是一门以科学为对象的学科。从这个意义上，科学方法论也可以被归结为一门元科学。所以，从这个意义上，科学哲学不是一门科学。科学以世界为对象，科学哲学则以科学为对象，两者的研究方法也不同。科学运用科学方法论，科学哲学则以研究科学方法论为内容。

那么，简要地说来，什么是“科学方法论”呢？

科学方法论是一门以科学中的元科学概念和元科学问题为对象，研究其中的认识论和逻辑问题的哲学学科。

那么，又何谓“元科学概念”和“元科学问题”呢？

在自然科学中（社会科学也一样），常常不得不涉及两类不同性质的概念和问题。其中有一类是各门自然科学本身所研究的概念和问题，如力学中的力、质量、速度、加速度等，或者，即使它们本身不是本门学科所研究的概念和问题，而是从旁的科学学科中引申和借用来的，如生物学中也要用到许多有机化学的概念，甚至也要用到“熵”这个物理学（具体说是热力学）中的概念。但不管如何，它们都属于自然科学本身所研究的概念和问题。但是，不管在哪一门自然科学的研究中，都不得不涉及另外一类性质上不同的概念和问题。这类概念和问题，是各门自然科学的研究都要以关于它们的某种预设作为基础，但又不是各门自然科学自身所研究的那些概念和问题。举例来说，在科学中，固然要使用诸如力、质量、速度、加速度、电子、化学键、遗传基因等科学概念，以及诸如万有引力定律、孟德尔遗传定律、中微子假说、β 衰变理论等科学定律和理论，这些概念、定律和理论都是由各门自然科学所研究的，它们属于各门自然科学本身的内容。这些概念、定律和理论，我们可以称之为“科学概念”、“科学定律”、“科学理论”。科学本身所要解决的是一些科学问题，诸如重物为什么下落，太阳系中行星的运动服从什么样的规律，等等。

但是，科学中还不得不涉及另外的一类不同性质的概念和问题。对于这类性质的概念和问题，各门自然科学都不加以研究，或者说，这些概念和问题不属于它们的研究对象。但是，各门自然科学都必须以关于它们的某种预设作为自身研究的基础。举例来说，例如，各门自然科学中都不得不使用诸如假说、理论、规律、解释、观察、事实、验证、证据、因果关系，以至于“科学的”、“非科学的”这些用以描述科学和科学活动的概念和语词。这些概念和语词及其相关的问题，都不是任何一门自然科学所研究的，但在各门自然科学的研究中却都预设了这些概念的含义以及相关问题的答案。例如，当某个科学家说他创造了某个理论解释了某个前所未释的现象，或某个理论已被他的实验所证实等等时，这就马上引出了一些问题：我们凭什么说，或者是依据了什么标准说，某个现象已获得了解释，特别是科学的解释？我们又是依据了什么标准说，某个理论已被他的实验观察所证实？当科学家们做出了这种断言时，逻辑上真的合理吗？又如，为什么有的解释不能成为科学的解释？例如，对于同一个物理现象，比如纯净的水在标准大气压力下，温度上升到 100℃ 沸腾，下降到 0℃ 结冰，对此，物理教科书中有一种解释，黑格尔式的辩证法又另有一种解释（它用质、量、度等这些概念来解释）。这两种解释所解释的都是同一种物理现象，而且看来都合乎逻辑，只要承认它的前提，其结论是必然的。但为什么黑格尔式的辩证法用“质”、“量”、“度”等概念所做出的解释不能写进物理教科书，不能被认为是一种科学的解释呢？原因在哪里？科学理论必须满足什么样的特点和结构？科学的解释必须满足什么样的特点和结构？今后我们会知道，科学解释都是含规律的。但是，什么是规律呢？什么样的命题才称得上是规律呢？规律陈述必须满足什么样的特点和结构呢？你可能会说，规律陈述必须是全称陈述并且是真陈述。但是，试想，这样的答案能站得住脚吗？又如，通常都说，科学家总是通过实验观察以获得事实来检验理论的，甚至说，实验观察是检验理论的最终的和独立的标准。但是，通过合理的反思，我们就要问，实验观察就不依赖于理论吗？实验观察中通常要使用测量仪器，但我们为什么要相信仪器所提供的信息呢？仪器背后的认识论问题到底是怎样一回事？一个简单的事实就是，仪器背后就是一大堆的理论。所有这些就是元科学概念和元科学问题。

所谓“元科学概念”和“元科学问题”，就是指那些各门科学的研究都要以它的某种预设做基础，却又不是各门科学自身所研究的那些概念和问题。这里所谓的“元”（meta－），是指“原始”、“开始”、“基本”、“基础”的意思。

由此看来，科学哲学（我们这里主要是指科学方法论）与科学的关系是非常密切的，但它又不是科学本身。它们两者所关注和研究的问题是很不相同的。那么，科学哲学和科学究竟有一些什么样的关系呢？简要地说来，它们两者的关系可以形象地大体概括为：

**1. 寄生虫和宿主的关系**

即科学哲学必须寄生在科学上面，它离开了科学就无法生存与发展，从这个意义上，作为一名科学哲学家，就必须懂得科学，有较好的科学素养。如果一个科学哲学家自己不懂得科学，所谈的“科学方法论”只是隔靴搔痒，与科学实际上没有关系，那么，他所说的“科学哲学”或“科学方法论”就没有人听，至少科学家不愿意听。

**2. 互为伙伴**

就是说科学哲学与科学是互为朋友，相互帮助，相得益彰的。一方面，科学哲学的研究与发展要依赖于科学，但另一方面，科学哲学又能对科学的发展提供帮助。目前在国内，由于某种特殊的原因，哲学在知识界的“名声不好”，所以有许多科学家内心里贬低哲学，但这只是由于某种历史造成的误解所使然，许多人把哲学笼统地理解为那种特殊的“贫困的哲学”。实际上，哲学，特别是科学哲学，对于科学的发展是会提供许多看不见的重大帮助的。举例来说，爱因斯坦的科学研究就曾深深地得益于科学哲学的帮助。爱因斯坦一生都非常注重科学哲学的学习与研究。早在他年轻的时候，他就与几个年轻好友组织了一个小组，自命为“奥林匹亚科学院”。他们在那里一起讨论科学和哲学问题，特别是一起阅读科学哲学的书籍。在那个小组里，他们从康德、休艾尔到孔德、马赫甚至彭加勒的书都读。爱因斯坦建立相对论，与实证主义哲学对他的影响关系十分密切。爱因斯坦自己曾经高度评价了马赫的科学史和哲学方面的著作，认为“马赫曾以其历史的、批判的著作，对我们这一代自然科学家起过巨大的影响”，他坦然承认，他自己曾从马赫的著作中“受到过很大的启发”。他的朋友，著名的物理学家兼科学哲学家菲利普·弗兰克也曾经说：“在狭义相对论中，同时性的定义就是基于马赫的下述要求：物理学中的每一个表述必须说出可观察量之间的关系。当爱因斯坦探求在什么样的条件下能使旋转的液体球面变成平面而创立引力理论时，也提出了同样的要求……马赫的这一要求是一个实证主义的要求，它对爱因斯坦有重大的启发价值。”20世纪伟大的美国科学史家霍尔顿也曾经指出，在相对论中，马赫的影响表现在两个方面。其一，爱因斯坦在他的相对论论文一开头就坚持，基本的物理学问题在做出认识论的分析之前是不能够理解清楚的，尤其是关于空间和时间概念的意义。其二，爱因斯坦确定了与我们的感觉有关的实在，即“事件”，而没有把实在放到超越感觉经验的地方。爱因斯坦一生都在关注哲学、思考哲学。他后来对马赫哲学进行扬弃，并且有分析地批判了马赫哲学，这都说明爱因斯坦在哲学的学习、研究与思考上有了新的升华。爱因斯坦曾经自豪地声称：“与其说我是一名物理学家，毋宁说我是一名哲学家。”可见爱因斯坦一生深爱哲学，他的科学创造深深得益于他深邃的哲学思考。其他许多著名科学家也有这方面的深刻体验。

### 3. 牛虻

科学哲学对于科学而言，不仅只是依赖于科学，它与科学互为朋友，而且科学哲学有时候又会反过来叮它一下，咬科学一口。科学家研究科学，但他所提出的理论却不一定是合乎科学的。例如，著名的德国生物学家杜里希提出了他的“新因德莱西理论”，他还自鸣得意，科学界最初也没有能对这种理论提出深中肯綮的批评。倒是科学哲学家卡尔纳普在一次讨论会上首先对这种理论进行了发难，指出这种理论根本不具有科学的性质，它只不过是一种形而上学理论罢了。一般不懂科学哲学的科学家很难做出这种深中肯綮的批评。又如，像前面所说的有的科学家动辄宣称我的实验观察证实了某个理论。这时，科学哲学家就可能站出来指责说：通过实验观察所获得的都是单称陈述，而理论则是全称陈述，你通过个别的或少数的单称陈述就宣称证实了某个理论，这种说法合理吗？科学哲学家会从逻辑上来反驳这种说法的合理性。科学哲学并不简单地跟在科学后面对科学唱颂歌，它对科学，对科学家的科学理论和科学活动，都会采取批判的态度。它可能从这个方面来推动科学前进。

然而，科学哲学和科学尽管有密切的联系，却又有原则的不同；科学哲学家的任务与科学家的任务有原则的不同，相应地科学哲学的研究活动与科学的研究活动也有原则的不同。具体地对某些自然现象做出科学解释，这是科学家的科学活动，但对科学解释的一般结构和逻辑做出认识论反思，这却是科学哲学的任务。具体地通过实验观察来检验某一种科学理论，这是科学家的科学活动，但思考科学理论究竟是怎样被检验的，进而一般地探讨科学理论的检验结构与检验逻辑，这却是科学哲学的课题。在具体的科学研究中选择某一种理论作为自己的研究纲领，这是科学家的科学活动，但对这些活动进行反思，思考一般地说来在科学研究中，应当怎样评价和选择理论；提出在相互竞争的科学理论中，评价科学理论的一般标准或评价模式，这就是科学哲学的任务了。这种界限还是比较清楚的。尽管许多科学家在进行科学活动的时候，不得不去探讨这些元科学问题，甚至提出某种元科学理论。但当他们这样做的时候，我们就说他作为科学家在进行哲学思考。这种思考本身不是科学研究，而是属于哲学方面的研究。一个科学家很可能同时是一个哲学家，正像有的哲学家当他介入具体的科学研究之中，去具体地创立某种科学理论或检验某种科学理论的时候，他就是在从事科学的研究并成为一个科学家一样。

通过以上说明，我们应当已大体说清楚科学哲学或科学方法论是什么，它们与科学的关系是什么了。

本丛书总共包括以下五个分册，分别是：

（1）《科学·非科学·伪科学：划界问题》。

（2）《论科学中观察与理论的关系》。

（3）《问题学之探究》。

（4）《科学理论的演变与科学革命》。

（5）《关于实在论的困惑与思考：何谓“真理”》。

以上这些内容大体上涵盖了20世纪以来科学哲学研究的主干问题。本丛书除了分析性地提供这些领域上的背景理论以外，也着重向读者提供了作者在这些领域上的研究成果，以供读者批评指正。作者的目的在于抛砖引玉，冀希于我国学者在科学哲学领域中做出更多的创造性成就。

# 前　言

对我来说，实在论问题曾经是一个困惑我数十年的“难解之题”。打从我年轻的时候起，在我的脑子里就被播下了无可怀疑的实在论的“种子”，因而从情感上总是愿意相信实在论，从相信常识实在论到相信科学实在论（特别是指称实在论）。尽管打从我年轻的时候起，就已在朦胧中发觉常识实在论与科学实在论实际上会“打架”，因而在头脑中不免产生一片茫然。这些困惑以及我所从事的科学哲学所涉及的种种问题，都迫使我对实在论问题进行苦苦的思索。但思索的结果却始终得不出能够为之做出辩护的合理性理由，也不能认同或接受别的哲学家为之做出的种种辩护或论证。经过数十年如此这般的思索、学习和清理，我终于理出了一个头绪：实在论论题实际上是一个形而上学论题，因而是不可能对之做出合理性论证的，无论是肯定性的论证还是否定性的论证。实在论论题实际上只是人们的一种信念；作为一种形而上学信念，甚至我也愿意接受它，但我自信这种信念与我试图做出合理性论证的其他科学哲学论题其实是无关宏旨的。于是，在我的有关科学哲学的著作和论文中，就出现了一个在一般哲学家看来是“不伦不类”、“其貌不扬”的怪物：我承认并论证科学理论是解释和预言经验现象的工具，因而从这个意义上可以说我是主张工具论的；我对各种实在论的论证提出诘难，但我却从未声称我是反实在论的。我把我的工具论与反实在论画了一道界线。这在一般哲学家们看来，当然是悖理的。因为在他们看来，要么是实在论，要么是反实在论；工具论就是反实在论。自20世纪80年代以后，国际科学哲学界重又燃起的实在论与反实在论的争论，这又加深了我在这方面的思考。近年来，我又看到国内哲学界对实在论与反实在论的争论又近乎到了白热化的程度。2002年3月，中山大学哲学系特聘教授翟振明在网上发表文章《实在论的最后崩溃——从虚拟实在谈起》①，而《自然辩证法研究》2002 年第 12 期上又发表孙慕天教授的论文《保卫实在》。这两篇论文虽未直接交锋，但各自都有一定的理论深度并且在观点上针锋相对，从而引起了人们较广泛的关注。基于这个问题在哲学上的重要性并被广泛关注，我不揣冒昧，将我自己数十年来的思考端出来供学界同仁批判和指正。

我何以会在经历了长期的苦苦思索以后，终于得出了“实在论只不过是一个形而上学论题，因而是不可能对之做出合理性论证，无论是肯定性论证或否定性论证”的结论，从而既对翟振明教授宣称“实在论的最后崩溃”感到吃惊，又对有点情绪化的“保卫实在”的口号感到惊讶的呢？这是因为，在我看来，在实在论论题面前，我们人类的认识，面临着四大难题，甚至是不可解决的难题。

我对实在论问题的困惑与思考，表面上形成了一个悖论。因为我思考的结果是“实在论论题其实是一个形而上学论题”，因而“实在论问题”其实是一个形而上学问题。而根据我所提出的“问题学”理论（见本丛书第三分册），形而上学问题其实是伪问题，而从科学的意义上，“伪问题”是不值得研究的。那到头来，是不是意味着，我思考了一辈子的问题乃是陷入了一个毫无意义的“伪问题”的研究？不是的，决不是的。在我看来，要揭露一个问题是伪问题，实际上是非常费精神、费精力的，而且在思想发展史上，包括科学史和数学史上，都是十分有意义的。所以，我曾经讲过，在科学史或数学史上，揭露一个正在被学界研究着的问题是一个伪问题（伪问题是因“问题的指向”没有意义因而是没有“解”的问题），这本身就意味着科学的进步，甚至是重大的进步。因为它向我们指出，试图去求得这种伪问题的解是没有意义的。所以，虽然我所思考的问题不是科学问题或数学问题，但我仍不揣冒昧，把我关于这个困惑我数十年的问题的思考端出来公布于众，以求教于广大读者和专家；特别是这个问题的背后是一个重大的问题——真理问题。所以，虽然我已年届耄耋，但我仍然能够以我在这方面思考的一些进步而聊以自慰。

① 见中山大学哲学系网站。

# 目　　录

**第一章　关于实在论的困惑与思考** / 1
第一节　实在论问题的由来和核心：真理问题 / 1
第二节　我对实在论问题困惑与思考的艰难历程 / 4

**第二章　求教于科学史，求教于科学家** / 10
第一节　历史上的传统和牛顿的思考 / 10
第二节　实在论和电磁场理论：麦克斯韦的思考 / 18

**第三章　实在论面临着四个不可解决的难题** / 38
第一节　关于人类的感知与世界的关系问题 / 40
第二节　语言与感知的关系问题 / 49
第三节　归纳问题 / 55
第四节　理论的多元性问题 / 68

**第四章　结论：主张一种非实在论但不反实在论的工具主义科学观** / 71

# 第一章　关于实在论的困惑与思考

## 第一节　实在论问题的由来和核心：真理问题

对于普通读者来说，“实在论”这个词可能十分陌生，不知道这个术语的背后是想要说些啥。其实，实在论背后所要讨论的核心问题乃是“真理”问题。而关于“真理”这个词，则一定是读者们所熟悉的，而且不少读者也可能被它所困惑过。我这颗笨拙脑袋甚至在年轻的时候就被实在论问题所困惑，可以说一直被它困惑了数十年。下面我就来简要介绍实在论问题和我被它困惑所引发的思考。

实在论问题和真理问题可以说是哲学发展无法摆脱的永恒的主题。它被无数复杂的问题纠结在一起，难以梳理清楚，但它又迫使人们必须把它梳理清楚。因而它成了哲学发展中的一个引人注目的核心问题。

正像科学最初是建基于常识之上的，但是经过进一步的批判与反思，结果却发现，许多常识原来是错误的。哲学也一样。实在论观念最初来源于常识，而且构成为常识的核心，就像我们常说的“眼见为实”这个常识观念，就是以这样的常识实在论观念为核心的。实在论的核心观念有两条：①在我们的心灵、意识、感觉之外存在着一个真正的、实在的世界，这个实在世界是独立于我们的心灵、意识和感觉而存在的；②我们的心灵、意识和感觉能够感知或认识到这个外在于我们心灵和意识的实在的世界。所谓“眼见为实”，就是我们眼睛所观察到的就是真的，就是“真理”。

这种朴素的常识实在论，到了古希腊时代，就被一些聪慧的哲学家们所思考了。他们思考的第一个问题就是这“实在的世界”究竟是什么。其次是我们的真知究竟从哪里来。古希腊的著名哲学家柏拉图经过思考，把我们人的观念分为两类。一类称之为“知识”，另一类称之为“意见”。“知识”具有确定性，也就是一种真知。这种具有真知性质的知识，他以数学知识，尤其以几何学知识为样本，追问，例如毕达哥拉斯定理 $a^2+b^2=c^2$ 以及其他的几何定理是怎样得到的？代数中的那些定理，如 $(a+b)^2=a^2+2ab+b^2$ 以及 $(a+b)(a-b)=a^2-b^2$ 能从我们的感觉知觉中得到吗？他予以否认。由此，他设想有一个“理念世界”，这个世界是真实存在的，我们只有让我们的思想进入这个理念世界，考察其中的图形、结构、形式，我们才能得到或发现这些作为真知的“知识”。而我们通过感官所能感知的“现象世界”，只是理念世界的模糊的或飘忽不定的影子，从它我们只能获得“意见”。“意见”不具有确定性，不具有真知那样的性质。柏拉图非常重视获得像数学那样的真知。他创办了世界上第一所高等学府和研究机构，叫作 Academy，后世人们把它称之为 Plato Academy，即柏拉图学园。它由柏拉图创办于公元前 385 年。柏拉图在他的学园门口就竖着一块牌子：“不懂几何者不得入内”。柏拉图的这个思想影响了古希腊一代又一代青年研究数学。到公元前 300 年左右，他的后代学子欧几里得就热衷于进入他的理念世界，终于建立起了他的千古不朽的欧几里得几何学体系。柏拉图的直传弟子亚里士多德十分尊重他的老师，却又不同意他老师的学说。用亚里士多德自己的话说，就是：“吾爱吾师，吾更爱真理。”亚里士多德认为，真实存在的是我们生活于其中的物理世界，我们的知识来源于对现象世界的感知，在此基础上，他提出了研究知识的归纳 - 演绎模式，他尤其建立起了其功至伟的亚里士多德逻辑学。

“实在”一词是由亚里士多德提出来的，但早在柏拉图那里，就已经把实在和现象区分开来了。柏拉图认为“理念世界”才是实在的，现象世界只是理念世界的影子。往后，有的哲学家沿着柏拉图的思想做修正，认为实在世界可以区分为本质和现象两个方面，我们的感官只可以触及现象，本质并不显示在我们的感官之下，但本质也是客观实在的，它藏在现象的背后并决定现象。这种观念当然也是受古代的机体论观念的启发，它拿自然现象与社会现象或舞台上的演出作类比。就像舞台上的演出或社会政治活动中一样，编剧、导演和阴谋策划者并不暴露在人们的面前，却策划了舞台上的演出和社会生活的进程。自然界似乎也一样，本质躲在后面，但它预先决定了现象的多种多样的显示及其变化。

自从近代科学产生以后，科学理论是否为真理，是否摹写着我们所处的实在世界的本质，不但被哲学家们思考，也被许许多多的有为的科学家们思考着。特别到20世纪中叶以后，一些哲学家在思考了科学理论与实在的关系以后，提出了所谓的“科学实在论”的问题。科学实在论名目繁多，花样翻新，其理论的各种变种让人目不暇接。如实体实在论、关系实在论、结构实在论、过程实在论、进化自然主义实在论、因果内在实在论、理性实在论、辩证实在论，甚至语义实在论、语用实在论，等等，其名目可以说要有多少就有多少，仅就我所见过的科学实在论的名目至少不下二三十种。其中有许多所谓的实在论，已向它的传统对立面“工具论”靠拢，甚至很难再与传统工具论划清界限，有些所谓的实在论只是想要保留“实在论”这个名称而已。但就各种名副其实的科学实在论理论来看，它们之间在理论观念上虽然各有不同，然而归结起来确实有一些共同的东西。主要有两个方面：①成熟科学中的理论术语典型地有所指称；②成熟科学中所接受的理论和定律典型地近似为真，并且随着科学的进步，愈来愈接近真理。因此，科学实在论同样预设了两个核心假定，即：①存在着一个独立于我们的心灵、意识的实在世界，这个世界除了向我们提供经验现象以外，还潜藏着对现象起作用并支配着现象的、我们的感官所不可观察的实体和过程（本体、结构、关系、过程或其他）；②科学的目标是探索并追求与世界实体和过程相符合的真理，并随着科学的发展，将愈来愈接近于这种真理。

## 第二节　我对实在论问题困惑与思考的艰难历程

以我们所接受的教育，当我年轻时，在我的脑子里，曾被播下了无可怀疑的实在论的“种子”，因而在我的一生中，从情感上总是愿意相信实在论，从相信常识实在论到相信科学实在论（特别是指称实在论）。实在论问题是一个困惑我数十年的“难解之题”。因为被其困惑，所以也就对它思考了数十年。但是，也因为被其困惑，所以数十年间始终不敢把我的那些思考写成文章公布出来。我第一次把我关于实在论问题的思考写成文章，公布于“小众”，那是出于一种机遇，而那时我已年近古稀了。记得大概是2002年左右吧，中山大学特聘教授翟振明在哲学系的网上公布了他的靶子论文：《实在论的最后崩溃——从虚拟实在谈起》。哲学系要我以翟振明的那篇论文为靶子参与“打靶”。我对翟振明教授的论文十分感兴趣，就欣然接受了。于是就用了相当大的功夫，仔细地、反复地研读了翟振明教授的长篇文章，然后用了数天时间，结合着我对实在论的数十年的思考，一口气写出了我的长达数万字的“打靶”论文《实在论真的最后崩溃了？——评翟振明的〈实在论的最后崩溃〉一文》。此文算是我第一次系统地来阐述我关于实在论的观点并与翟振明先生商榷，发表在一个相关的小型学术讨论会上。由于是发表在一个小型学术讨论会上，所以说是“公布于小众”。不久，2003年，当我的学生鞠实儿教授提议要出版我的论文集时，我就把这篇“打靶论文”放进了我的论文集《科学逻辑与科学方法论》[①] 之中，算是开始“公诸大众”了。但是说句实在话，关于实在论的文章，对于我来说，终究是要写的。因为我从20世纪90年代中期开始，就已计划把我一生对科学哲学的研究与思考做一系统总结，写出我人生的最后一部学术专著《科学哲学——以问题为导向的科学方法论导论》。到我写那篇“打

---

① 林定夷：《科学逻辑与科学方法论》，电子科技大学出版社2003年版，第702～749页。

靶论文”以前，我已差不多写完了全书90%以上的初稿，只有《关于实在论的困惑与思考》一章被我拖着，因为我总想再继续琢磨琢磨这个问题。所以我要感谢翟振明教授，是他的“靶子论文”促成了我把几十年的思考“一气呵成”地吐了出来。此后，当中山大学出版社要出版我的著作《科学哲学——以问题为导向的科学方法论导论》时，我就以那篇“打靶论文”为基础，去掉其中的“打靶”成分，留下我的正面观点，稍作补充，就成了我著作中的一章了。所以，如果读者对实在论问题有兴趣，我建议，在阅读本书时，可参照翟振明教授的“靶子论文”和我的“打靶论文”一起读，这样可能更有助于读者做进一步深入的思考。

作为交流，我先向读者们交代一下我关于实在论的困惑与思考的艰难历程。

实在论的问题可以说是我在中学读书的时候，就朦朦胧胧地产生于我脑际的问题。我在中学读书时，对物理学感兴趣，看了许多物理学家的小传和物理学史上的小故事，期望自己长大以后也能成为一个物理学家。但这些书，读着读着，问题就多了。牛顿说，光是粒子，后来的人又说光是光源所激发的以太波，先是说纵波，后又说是横波，再后来又说光是电磁波，爱因斯坦又说光是光子，光到底是什么？电是什么？磁是什么？一大堆的谜，吸引着我，想弄清楚它们。但是我们这代人，命运不济，不能有自己的志愿。1952年，我在杭州第一中学读书时，就被“组织上”看中，保送到浙江省工业干部学校速成培养，以适应即将开展的国家第一个五年经济建设计划的“紧急需要”，学物理的愿望未能实现，原来困惑我的一大堆谜也被逐渐淡化，它们在我头脑中的位置慢慢地被另一些工程技术性的问题所占据。但这些谜的影子毕竟还在。

我真正对实在论问题发生有一点深度的困惑与思考，那是在1959年以后。那时，我在华中工学院（今华中科技大学）读书还尚未毕业，我这个读了两次工科（先机后电）的工科佬再一次被“组织上”不幸看中，从而被强制地当作“一颗螺丝钉”安放到了哲学教师的岗位上。我虽然对“组织上”的这种强制安排，内心里有意见，但以我们当时所接受的教育，我还是痛苦地然而却无条件地接受了组织的安排，强令自己“安心地”去从事新的工作。由于实在论问题毕竟是一个哲学问题，而且在当初它被看作哲学中的一个最基本的问题，所以从此以后我的这颗笨拙脑袋就一直被这个问题所纠缠。回顾起来，由于我的前半生所接受的教育，在我的内心深处早已被播下了无可怀疑的实在论的“种子”，因而从情感上总是愿意相信实在论，从相信常识实在论到相信科学实在论（特别是指称实在论）。尽管打从我年轻的时候起，已在朦胧中发觉常识实在论与科学实在论之间实际上会“打架”，因而在头脑中不免产生一片茫然。这些困惑以及我所从事的科学哲学所涉及的种种问题，都迫使我对实在论问题进行苦苦的思索。但凭我这颗笨拙的脑袋，思索的结果却始终得不出能够为之做出辩护的合理性的理由，也不能认同或接受别的哲学家为之做出的种种辩护或论证。经过如此这般的思索、学习和清理，我似乎终于理出了一个头绪：实在论论题实际上是一个形而上学论题，因而是不可能对之做出合理性的论证的，无论是肯定性的论证还是否定性的论证。实在论实际上只是人们的一种信念；作为一种形而上学的信念，甚至我也愿意接受它，但我自信这种信念与我试图做出合理性论证的其他科学哲学论题其实是无关的。于是大家看到，在我的有关科学哲学的著作或论文中，就出现了一个“不伦不类”、“其貌不扬”的怪物：我承认并论证科学理论是解释和预言经验现象的工具，因而从这个意义上可以说我是主张工具论的；我对各种实在论的论证提出诘难，但我却从未声称我是“反”实在论的。我把我的工具论与反实在论划了一道界限。所以，当有人称我是“工具主义者”时，我会欣然接受这顶“帽子”；但当有人进一步说我是“反实在论者”时，我却会明确地予以否认。记得早在1983年夏天在北京香山举行的全国第三次科学哲学学术讨论会上，会议休息期间我在林间小道上漫步，赵中立教授走上来拍着我的肩膀说：“根据你的发言，江天骥先生说你是我们这个会上第一个公开持工具主义立场的人物。”赵先生接着问我：“说你是个工具主义者你承认吗?”我明确地回答：“我承认。”赵先生接着竖起大拇指，向我夸了一句：“胆儿大!”要知道，在当时，“工具主义”可是一个十分犯忌的词儿。谁敢公然声言自己持工具主义的立场呀？那可意味着对官方规定“必须坚持”的“主义”的“背离”甚至“反叛”。在当时的意识形态部门看来，那可是一种严重的“罪行”，即使仅仅是一种“思想罪”也罢。在当时，知识分子出言都要十分小心谨慎，十年浩劫的影子犹在，人人心有余悸。知识分子还都牢记着“神明”的训诫：知识分子必须“夹着尾巴做人”。但即使如此，香山会议上的动态也还是被某些人迅速地打小报告汇报到意识形态的最高部门去了。时过不久，根据当时的“阶级斗争新动向”，抓意识形态的高层人物于1983年冬天在全国范围内发起了“清除精神污染”的政治运动，某位国家级的大人物（一位武夫）在中央高级党校做报告时公开点名：“科学哲学对马克思主义进行迂回包剿。”罪名多大呀！谢天谢地，现在这种恐怖的魔影毕竟还是离我们相对远去了。像翟振明教授如今竟然能够在网上公开发表文章，论证他的“实在论最后崩溃”的命题。而我呢？也能够在真正学术的意义上“打靶”，来与翟教授讨论他的“最终崩溃”的立论是否能够成立。庆幸啊，天道终于逐渐有如此巨变。

先来说明我那既是工具主义却又不反实在论的“不伦不类”的怪物。在哲学界的一般人看来，只能有这样一种绝对的二分法：要么就是工具主义者，要么就是实在论者；既然是工具主义者，那么必然就是反实在论者。当时，翟振明教授在文章中似乎也明确地持有这种二分法。但在我这颗笨拙的脑袋中却始终不能把它们如此清晰地区分开来。因为在我看来，科学理论作为解释和预言经验现象的工具，就这一点而论，工具主义者和实在论者都是承认的。但工具主义者在缜密思考的基础上仅止于承认到这一步，而实在论者却不满足于这一步，而要为科学理论作为工具的有效性做出“更深入一步”的实在论的解释。然而，在我看来，当实在论者试图为科学之有效性做出进一步的实在论解释时，却始终拿不出能让人（至少是让我）信服的理由。但我这个人却又遵循着一种死板的逻辑：一个论题不能得到合理的论证，或者迄今为止未能得到合理的论证，并不等于这个论题本身是错的。所以，长期以来，我只诘难实在论者对这个论题的论证，而并不宣称实在论这个论题本身是错的，因而我要反对它。于是，大家在我的许多著作或论文中，特别是在《科学研究方法概论》、《科学的进步与科学目标》以及《近代科学中机械论自然观的兴衰》中，我乃持有一种“怪论”或“怪物”，在那里，我有一种明显的工具论倾向，但对于实在论，我除了指出它论证上的困难以外，却并不“反”它；我从未举起“反实在论”的旗号。相反，我甚至还声称我也愿意保留实在论的信念。在《科学的进步与科学目标》一书中，我在批判了实在论关于科学目标（真理符合论的目标）的形而上学性质及其困境之后，我只是简单地表明：“人们尽管可以保留这种信念（我也愿意保留这种信念），但这种信念与合理地论证科学的目标是无关的。因为我们必须使我们关于科学目标的假定成为可以接受经验检验的有意义的假定”①。正是基于此，我把波普尔关于科学的实在论目标或真理符合论的目标称之为“关于科学的虚幻的目标”。对于科学，我明确地持有工具论的观点，因为我认为工具论论题是可以得到合理论证的；但我并不把我的工具论立场等同于反实在论立场。在实在论与反实在论这两者之间，我毋宁说比较中立。因为在我看来，实在论论题未能得到合理论证，这并不表明这个论题本身是错的；很可能，他的反论题同样是得不到合理论证的。要我明确地持有反实在论立场，除非有合理的理由让我确信实在论论题本身是错的，或者能证明它的反论题是成立的。这种反论题，或曰反实在论论题，就是断言：科学理论中的术语不可能有外在对应物之所指。或如翟振明教授在其论文中所断言：“经验世界本身不是本体，在其后面也没有本体。”② 但我长期以来也未能为这种反论题的成立提供出合理的论证。基于以上理由，长期以来，我总是愿意在我的工具论立场与反实在论立场之间划出一条界线；不把工具论等同于反实在论。因为我还没有找到反的充分理由。虽然我不否认，由于我认为实在论论题实在难于成立，因而在朦胧中也有向它的对立面移情的倾向。但这种移情是缺乏理性根据的。为了寻找实在论论题成立或不能成立的合理理

① 林定夷：《科学的进行与科学目标》，浙江人民出版社1990年版，第20页。

② 翟振明：《实在论的最后崩溃》，中山大学哲学系网，第25页。

由，我曾经长期挣扎在精神的苦海之中。并且开始除了向别的哲学家们请教以外，更多地愿意向科学史请教，向科学家请教。想从科学史上考察一下它曾经被怎样地思考过，那些杰出的科学家们曾经对它怎样地思考过。

# 第二章　求教于科学史，求教于科学家

我想弄清楚在科学的历史上，科学家们在实在论问题上，在真理问题上，曾经是怎样想的。以便我从中受到启发。于是，我花了很多精力去向科学史求教，向科学家们求教。

## 第一节　历史上的传统和牛顿的思考

我想了解一下牛顿怎么看待他自己所创造的理论以及他自己亲手写下的科学纲领。于是就直接向牛顿请教。

牛顿在创建其伟大而壮观的力学大厦的经典名著《自然哲学的数学原理》（以下简称《原理》）一书的第一版序言中，曾根据当时的科学的趋势而强调："今人……力图以数学定律说明自然现象，所以我在这本书中也致力于用数学来探讨（自然）哲学问题"，"因此，我把这部著作叫作《（自然）哲学的数学原理》。哲学的全部重任似乎就是：从运动的现象来研究自然界的力，然后再从这些力去论证其他的现象。"在这基础上，牛顿明确地提出了他的机械论的科学纲领："我希望能用同样的推理方法从力学原理中推导出自然界的其余现象；因为有许多理由使我猜想，这些现象都是和某些力相联系着的，而由于这些力的作用，物体的各个粒子通过某些迄今尚未知道的原因，或者相互接近而以有规则的形状彼此附着在一起，或者相互排斥而彼此分离。正因为这些力都是未知的，所以哲学家一直试图探索自然而都以失败告终，我希望这里所建立的原理能给这方面或给（自然）哲学的比较正确的方法带来一定的光明。"牛顿在这里所设想的是一个宏大的科学纲领。这个纲领包含有丰富的内容。它不但包括对各门科学作力学还原的思想，而且还包括科学的数学化的要求，科学理论应当实现逻辑上无矛盾性并且与经验事实相符合的要求，以及他想象中的如何从现象“推出”普遍规律的方法，等等。其核心是力学还原论。他设想能把自然科学中的其余分支，如光学、热学、电学，甚至于化学、生物学都还原为力学，而且他还身体力行，亲自提出了光微粒的假设，建立了他的以力学为基础的光学理论。牛顿的这个科学纲领统治科学两百余年，并且取得了巨大的成就。

问题是，牛顿虽然建立了宏伟的力学理论并且提出了机械论的科学纲领，但他对自己的理论和科学纲领究竟怎么看？在牛顿看来，他提出这些理论和纲领，究竟是想力求“摹写”实在世界的真实面貌，抑或仅仅是为了“拯救现象”？我在阅读牛顿的原著中努力地拷问自己。因为对科学理论的这种区分是早就有了的。

古希腊的毕达哥拉斯学派认为，“数”是宇宙的本源，“数的先定的和谐”是宇宙的本性，都是“确实在那里的”。因此，用数学关系去解释世界乃是对世界何以如此真实的解释。但毕达哥拉斯学派的这种观点一开始就受到了反对。对立的观点认为，把“数学关系”强加到现象上去“拯救现象”（使现象能由此获得解释）是一回事，而解释现象真的何以会如此则完全是另一回事。

明确地提出应当区分物理上真的理论（它要求如实反映客观世界的物理实在）和“拯救现象”的理论之间的区别的，是公元前1世纪的盖米努斯。盖米努斯概述了两种研究天体现象的方法，一种是物理学家的方法，一种是天文学家的方法；物理学家要求从天体的本性去推导它们的运动，而天文学家则从构造数学的图形和运动去推导出天体的运动。盖米努斯宣称：“天文学家的任务不是去研究哪些东西本性是静止的和哪些物体易于运动，而是引入一些关于某些物体在运动，另一些物体静止不动的假说，然后考虑实际观察到的天界现象符合哪一种假说。”公元前2世纪的希腊天文学家托勒密坚持了“拯救现象”的传统。他构造了一个含有许多本轮－均轮的复杂的数学模型，用以解释现象，取得了很大成就，他的理论统治天文学达一千余年之久。但他认为，天文学家的工作应是建立用以说明现象的数学理论，而不应企求建立关于行星的“实在运动”的理论。他在著名的《天文学大全》（又译《至大论》）一书中明确地提示，他的这一套本轮－均论的数学模型，仅仅是计算的手段，人们不应以为他主张行星实际上是在物理空间中作如此这般的本轮运动（虽然托勒密的这个思想并非始终一贯，因为他在其晚期著作《行星假说》中曾又声称，他的复杂的本轮－均轮系统揭示了宇宙的实在结构）。

后来，哥白尼提出他的太阳中心说，在很大程度上也是基于“拯救现象”的传统。他指责托勒密理论的主要缺点是它在数学上不够和谐，不够优美；而他要求数学家和天文学家接受他的理论的主要理由，则是他的体系比托勒密的那种由许多本轮－均轮所构成的体系要简单得多，从而解释现象也要简单得多和自然得多。他也同样不认为宇宙的真实结构会恰如同他的理论所描述的样子（虽然哥白尼在“拯救现象”与物理真实这两个观念之间是摇摆不定的）。而为哥白尼的《天体运行论》一书的出版奔走并为之作序的奥西安德则更把“拯救现象”的观念提到非常明显和非常突出的地位上来。奥西安德指出，哥白尼是按照天文学家的传统工作的，他们为了预言行星位置而自由地发明数学模型。他宣称：行星是否真的绕太阳旋转，这并不重要，重要的是哥白尼根据他的太阳中心说而“拯救了现象”。奥西安德并且非常明确地指出：为了“拯救现象”而可以构造出来的理论（或假说）将不止一个，因为对应于同一组经验事实可以构建起数量上不受限制的多种理论与之相适应。因此，评价科学理论之优劣的标准，将不能仅仅限于它是否与经验事实相一致，而必须有另外的标准，这就是简单性原则。

关于科学理论的简单性原则，中世纪奥卡姆的威廉就已经提出了著名的“奥卡姆剃刀”的原则。奥卡姆的威廉反对把科学理论的简单性原则归源于自然界的本性，而仅仅看作人们建立理论时的主观上的要求。他把简单性原则看作建立和评价理论的标准之一；在建立理论时，应当淘汰多余的概念；并建议在说明某类现象的两个不同的理论中，应当选择其中较简单的一个。牛顿在谈到建立理论的“推理法则”时，同样贯彻了简单性原则的要求，尽管牛顿有时候也表现出要探求“物理”的倾向。而牛顿所指的“物理”，就如同盖米努斯所指的“物理”一样，乃是企求揭示自然界的“真实本性”或“真实的原因”，这与我们今天所指称的“物理”已有重大的差异。牛顿认为他为解释自然现象而构建的数学－力学的模型，不属于物理学的研究，其方法也不属于物理学的方法。但从今天的眼光看来，牛顿的这些研究及其方法，都是属于典型的物理学范畴。但是，就牛顿的主要倾向而言，他却只是把自己提出的科学纲领及其科学理论看作为了拯救现象的“数学理论”。这在牛顿著作的许多方面都有强烈的表示。

我们曾经提到，牛顿在 1675 年的论文中还曾经试图用以太理论来探索“引力的起因”。但随后他就对当时学者们中间的带有浓重形而上学色彩的关于诸如“引力的起因”等等问题上的无谓争论感到厌烦。在《原理》一书中，他放弃了自己原来关于“引力的起因”的“物理的”思考，而转向“拯救现象”的传统；由于在当时关于“引力的起因”还完全缺乏实验的根据，他就力图将自己的理论阐述仅限于事情的形式描述方面。他的著名口号“不臆造假说”也是针对于此而提出的，其目的是要消除无实验之根据的无休止的争论和无穷的臆测。他认识到，把注意力集中到解决物体运动的数学描述这种真正困难而重要的问题上，将导致科学的真正进步。在《原理》一书中，他强调：“我在这里只想为这些力给出其数学概念，而不考虑它们的物理根源及其所处的位置。”他还指出：“我把力称之为吸引和排斥的，像在同样意义下称之为加速的和运动的一样；我随便而无区别地交替使用了‘吸引’‘推斥’或任何一种趋向中心的‘倾向’等这些字眼。因为我不是从物理上而是从数学上来考虑这种力的。因此，读者不要以为我使用这些字眼，是想为任何一种作用的种类或形式，以及它们的原因或物理根源作什么定义；或者每当我偶尔谈到吸引中心或者赋予有吸引能力的中心时，以为我在想把真正的、具有物理意义的力归诸（只是某些数学点的）某些中心。”所以牛顿在《原理》一书中，并不倾向于把“力”客体化，他仅仅把“力”视作描述物体之间的相互作用的数学范畴，物体的加速度则被看作这种相互作用的结果。

牛顿几乎完全是按照盖米努斯以来的传统来理解“数学”和“物理学”的研究。他认为，“力的大小，以及它们在某种任意的假定条件下的数学关系，属于数学研究的范围”。而诸如“引力的起因”等问题才属于“物理学研究的范围”。所以，牛顿把自己在《原理》一书中所展开的主要内容都称之为“数学的研究”，而几乎不涉及“物理的”研究（尽管今天我们会把他的这些研究看作典型的物理学研究）。牛顿按照“拯救现象”的传统坦然承认：“至今，我根据引力的原理说明了天体的一些现象和海洋的潮汐，但是，我没有说明引力本身的原因”，“我至今不能从现象中引出……这种原因，我也不能臆造出假说来”。但是，牛顿毫不怀疑他的这种方式的研究将能导致“哲学”（指科学）的真正进步。他指出：“哲学”的研究应是“……先是从现象中得出两三条普遍运动的原理，而后告诉我们，所有有形物体的性质和作用是如何从这些明显的原理中得出来的；那么，虽然这些原理的原因还没有发现，在哲学上却迈进了一大步。因此，我毫无顾虑地提出了上述那些运动原理，而把它们的应用范围很广的原因留待以后去发现”。像这种仅仅满足于导出现象的“拯救现象”的传统，在牛顿那里是表现得很强烈的。尽管牛顿在《原理》第二编关于流体力学的研究中，从原子论的假定出发，已能导出诸如玻意耳定律等其他涉及流体的定律，但他却马上声称：“至于流体是否由相互排斥的粒子所组成的问题，这是一个物理学的问题。我们已从数学上研究过了由这种粒子所组成的液体的性质，至于研究这个问题的理由，我们则留给物理学家们。”所以，在牛顿看来，甚至原子论也只是由此能“导出现象”的模型，但他并不断言自然界真的是由如此这般的原子构成的。尽管有的时候牛顿也把原子－以太理论看成是一种“物理”理论，即把它们看作自然界实在的摹写。

所以，我们绝不可以简单地认为，牛顿提出他的机械论的科学纲领，就是提出了一种机械论的“自然观”。因为他对自然界并不一定作如此“观”，相反，在某些方面，他甚至明确地表明他不作如此“观”。例如，对于“超距作用”，牛顿不但假定引力是超距作用的，而且甚至提到：“光线则又超距地激动这些物体的各部分，使它们发起热来；这种超距的作用和反作用，很像物体之间的一种吸引力。”可以说，“超距作用”是他的理论原理中的一个重要部分，是在他用以导出现象的模型中所包含了的。但牛顿真的认为自然界存在着“超距作用”吗？一旦当他从“物理”上考虑时，他不但否认自然界会真的存在着超距作用，甚至认为这种观念是荒谬的。这可以从他给本特利的回信中明显地看出来。他写道：“没有某种非物质的东西从中参与，那种纯是无生命的物质竟能在不发生相互接触的情况下作用于其他物质，并且给以影响，正像如果按照伊壁鸠鲁的想法，重力是物质的根本而固有的性质的话，就必然会如此的那样，但那简直是不可想象的。这就是我之所以希望你不要把重力是内在的这种看法归之于我的理由之一。至于重力是物质所内在的、固有的和根本的，因而一个物体可以穿过真空超距地作用于另一个物体，无须有任何一种东西的中间参与，用以把它们的作用和力从一个物体传递到另一个物体；这种说法对我来说，尤其荒谬，我相信凡在哲学方面有思考才能的人决不会陷入这种荒谬之中。”① 他认为：“重力必然是由按一定规律行事的主宰所造成的，但是，这个主宰是物质的还是非物质的，我却留给读者自己去考虑。”②

一般说来，牛顿在试图谈到物理世界的真正的“实在”或原因的时候，他总是十分小心的；他并不轻易地谈论他的自然“观”。尽管牛顿从解释现象的有效性的角度上否定了笛卡尔的涡旋运动理论，但他决不轻易地一般否定以太假说的可能性。即使在《原理》一书中，在它的结尾之处他还谈道：“现在我们不妨再谈一点关于能渗透并隐藏在一切粗大物体之中的某种异常细微的以太，由于这种以太的力和作用，物体中各微粒距离较近时能互相吸引，彼此接触时能互相凝聚；带电体施其作用于较远的距离，既能吸引也能排斥其周围的微粒；由于它，光才被发射、反射、折射、弯曲，并能使物体发热；而一切感觉的被激发，动物四肢的遵从意志的命令而运动，也就是由于这种以太的振动沿着动物神经的固体纤维，从外部感官共同传递到大

① 引自（美）H. S. 塞耶编《牛顿自然哲学著作选》，第64页。
② 引自（美）H. S. 塞耶编《牛顿自然哲学著作选》，第64页。

脑并从大脑共同传递到肌肉的缘故。”[1] 然而，牛顿对这种以太的存在也从不肯做轻易的断言。相反，紧接在上述引语的后面，我们马上就看到他的如下说明：“但是这些都不是用几句话可以讲得清楚的事情；同时我们也还没有足够的必要的实验可用以准确地决定并论证这种电的和弹性的以太发生作用的规律。”[2] 在《光学》一书中，牛顿虽然经常要提到以太，但他却又明白宣布：“我不知道，这种以太是什么东西。”[3]

根据原子论，牛顿虽然讲到“虚空的空间”[4]，但他也讲到“真空不空”的思想，他甚至设想：“暖地方的热是不是由一种远比空气更为细微的媒质的振动穿过真空传过去的，而这种媒质在空气被抽出后仍留在这真空中？这种媒质是否就是光赖以折射和反射，而且借助于它的振动光就把热传到各个物体上去，并使光处于一阵容易反射和一阵容易透射的猝发状态的那种媒质？……”[5] 所以，牛顿仍在考虑着，真空中仍可能有传光的媒质。为了解释光的颜色和光线为什么会部分被反射、部分被折射的现象，牛顿引进了与“猝发振动”相联系的附丛波假说，但他引进这种假说仅仅是为了能够解释现象，至于自然界实际上是否真的会存在这种“猝发振动”的机制或作用，他却谨慎地宣布：“……这个假说是真是错，我在这里不加考虑，我只满足于这样一个发现，那就是光线由于某个或其他原因而交替地倾向于反射或折射，乃至多次的反复。”[6] 同样，仅仅是从拯救现象的要求出发，牛顿一般地倾向于否定波动说，而宁可设想光是一种物质微粒。因为“……用一种稠密流体来解释自然界中的现象，是没有什

---

① 牛顿：《自然哲学的数学原理》第三编第五章。此处译文参照塞耶编《牛顿自然哲学著作选》，上海人民出版社 1974 年版，第 53 页。

② 牛顿：《自然哲学的数学原理》第三编第五章。此处译文参照塞耶编《牛顿自然哲学著作选》，上海人民出版社 1974 年版，第 53 页。

③ 牛顿：《光学》，问题 21，参见塞耶编《牛顿自然哲学著作选》，上海人民出版社 1974 年版，第 172 页。

④ 牛顿：《光学》，问题 20，参见塞耶编《牛顿自然哲学著作选》，上海人民出版社 1974 年版，第 170 页。

⑤ 牛顿：《光学》，问题 10，参见塞耶编《牛顿自然哲学著作选》，上海人民出版社 1974 年版，第 170 页。

⑥ 参见塞耶编《牛顿自然哲学著作选》，上海人民出版社 1974 年版，第 245 页。

么用处的，不要它，行星和彗星的运动倒反容易解释得多……因而只应把它抛弃掉。而如果把它抛弃，那么光是在这样一种媒质中传播的挤压或运动的这种假说，也就和它一起被抛弃了”①。然而对于微粒说，牛顿虽然比较倾心于它，但也仅仅是因为它有利于说明现象，使人们对光学现象“易于理解”。至于当他真正地谈论光学理论时，他甚至认为“我将既不采用这个也不采用任何其他一个假说，而且认为没有必要去关心我所发现的光的一些性质是否可用这个假说……尽管当我叙述这个假说时，为了避免多费唇舌，并且更加恰当地把它表达出来，我将有时谈得好像我已采用了它，并且好像我还力图说明它，使人们去相信它”②。牛顿认为，“我应当表明这一点”，以免使别人发生误解。

总之，牛顿的科学纲领原则上只是关于实现科学统一的机械还原论的纲领，它主要是想提供如何实现科学统一的方法论指导，而并不认为他所表述的理论一定已是自然界的真实图像。因此，很难认为他的科学纲领——希望从力学原理中导出自然界的其余现象，是表述了后人加之于他的那种“机械论自然观”。而这正是牛顿科学纲领的一个重要特点。并且，正是这个重要特点使牛顿和他的许多后辈门徒，即所谓的“牛顿主义者”相区别。从这个意义上，正如许多学者所公正地指出的那样，牛顿不是牛顿主义者③。这也许是一个历史悲剧，正像历史上的亚里士多德主义者曾歪曲、僵化和片面化了亚里士多德的理论，因而亚里士多德实际上并不是亚里士多德主义者一样，牛顿的科学纲领及其观念也被他的后辈门徒作为虔诚的信仰而被歪曲、僵化和片面化了。有趣的是，马克思当他在世的时候，就已看出了他的理论被他的信奉者当作虔诚的信仰而被歪曲、僵化和片面化，

---

① 牛顿：《光学》，问题28，参见塞耶编《牛顿自然哲学著作选》，上海人民出版社1974年版，第184页。

② 牛顿给奥尔登堡的信。引自塞耶编《牛顿自然哲学著作选》，上海人民出版社1974年版，第99页。

③ 参见（苏）库德利耶夫采夫《物理学史》、（奥）弗兰克《科学的哲学》，上海人民出版社1985年版。

因此，他曾当着他的学生们宣布：“我只知道我自己不是马克思主义者。”① 我们今天研究牛顿的科学纲领，实在应当还牛顿科学纲领的本来面目。

## 第二节　实在论和电磁场理论：麦克斯韦的思考

牛顿的机械论科学纲领后来遇到了危机。它遇到危机的真正标志是出现了新的自然图景与之对抗。但新的场的自然图景是否就是对自然界的真实摹写呢？它的发明者法拉第和麦克斯韦也做了反复的思考。

### 一、法拉第的发现及其实在论观念

“场”的最初观念是由法拉第提出的。法拉第是牛顿以后直至他那个时代的最伟大的科学家，曾在科学的许多领域中做出许多重大的发现，在他的一生中对科学所做出的最为杰出的贡献，乃是他在电磁领域中取得的划时代的成就，包括他的电磁感应定律的发现和场的观念的提出。

在奥斯忒和安培的电流磁效应发现的启发下，年轻的法拉第于1821年就立下誓言：“要磁生电。”1831年，他终于发现了电磁感应现象。在实验的基础上他系统地指出：“①正在变化的电流，②正在变化的磁场，③稳恒电流的运动，④磁铁的运动，⑤导体在磁场中的运动，都会产生感应电流。”进而法拉第总结出了著名的电磁感应定律。为了从理论上说明感应电动势的原因，他又提出了“力线”的观念，这个观念为阐明电磁领域中一系列定律和现象提供了一幅机构性质的物理图像。他认为，在带电体和磁极的周围空间中，充满了电力线和磁力线，这些力线是电力和磁力传递者；力线把相异的电荷和相异的磁极联系起来，它在纵向有收缩的趋势，在横向有扩张、挤压

① 见《恩格斯致康·施密特的信》，1890年8月5日。参见《马克思恩格斯选集》第四卷，人民出版社1966年版，第456页。

的趋势；力线的分布与源有关，而力线的密度则反映了场的强弱。这种想象中的力线图像不但能自然地解释静电或静磁的吸引和排斥，而且还能很自然地解释电流的磁效应。而当要解释电磁感应定律时，法拉第又把回路中所产生的感应电动势与通过回路的磁力线数目的变化联系起来，认为后者正是前者的原因，强调"形成电流的力正比于所切割的磁力线数"①。

法拉第的这些观念虽然都还比较朴素，而且在很大程度上只是定性的，但它在物理学的发展史上却标志着一个革命性的观念的产生。这个观念描绘了一幅不同于机械论的自然图景。在这幅图景中，物体间的力不再只发生在连接它们的直线上，而且也完全排除了那种神秘的超距作用。法拉第在他的名著《电学的实验研究》一书中，虽然表面上仍然提及"超距作用"，但实际上却已是用近距作用代替了超距作用。如他曾提到"磁的作用间接地通过中间粒子而超距地传送，这是能够的，甚至是很可能的"②。通过对电解质的研究，他非常明确地认识到了"电力"在本质上不是超距作用的，而是近距作用的。实际上早在1832年3月12日，法拉第在给英国皇家学会的一封"保存备查"以便日后可据以认证新发现的信中写道："……我做出这样的结论：磁作用需要一定的时间，也就是说，在一个磁体对另一个单独磁体或铁块发生作用时，发生作用的原因（笔者称之为磁性）是由磁体逐渐传播的，要传播就要有一定的时间，显然，这段时间是微不足道的。"③ 法拉第关于电磁场的创造性想象确实十分了不起，因为他甚至已经设想电和磁的传播都是以波动方式传播的。他写道："我认为，电感应也是以完全相同的方式传播的。我设想过：由磁极发出的磁力的传播类似于有波浪的水面上所发生的振动，或者说与空气粒子的声振动类似，也即是说，我希望把空气粒子的声振动应用于磁现象，就像把振动理论应用于声波一样。这也是对光现象的最可能

---

① 转引自陈秉乾、王稼军《电磁感应定律的定量表达式是怎样产生的》，载《大学物理》1987年第3期。

② 法拉第：《电学的实验研究》第14部分。转引自（苏）库德利耶夫采夫《物理学史》第1卷第11章。

③ 转引自（苏）库德利耶夫采夫《物理学史》第2卷第3章。

的解释。”[①]“光的传播，可能一切辐射效应的传播都是需要时间的，为了用力线的振动说明辐射现象，必须使这种振动也要耗去时间。”[②]不但如此，法拉第根据他关于光线偏振面的磁致转动效应的研究，亦已预言了光与电磁现象的联系，甚至猜测磁效应的传播速度可能与光速有相同的量级。在他的力线和场的观念中，他还相当明确地认识到了“力线”中发生的振动，不是一般的力学过程，而是一种新的运动形式——“是某种高级的振动”，而且甚至还认识到它们是“横振动”。他设想他的理论“打算去掉以太，而不是去掉振动”。[③] 法拉第的这些观念，都为后来麦克斯韦创建他的电磁场理论提供了方法和理论的基础。

但是，“场”是一种真实的物理实在吗？

法拉第本人比较倾向于认为他所说的力线和场，乃是一种真实的、物理的实在；强调他的“磁力线”和“电力线”都是“物理的力线”，他用磁棒作用下铁屑所显示的图案来证明这种力线乃是客观存在的。所以，他虽然仍相当谨慎地把他的力线或场的学说称之为“假说”，但是他同时也强调：“我倾向于这种想法，磁力线相应于它们的类似物——电力线而物理地存在着。”尽管法拉第后来曾承认：“在引力方面，我们觉察不出存在有足以支持独立的或物理的力线的效应；我们迄今知道的是，引力线只是一种表示力的方向的理想线。”[④] 但是对于“物理的电力线是存在的”[⑤]，“在磁体内外，物理力线确实存在”[⑥] 等观念却从不含糊。此外，法拉第还十分明白，他的场的观念乃是和机械论相矛盾的，并且是比机械论“更真实”的

---

① 法拉第：《1832年3月12日致英国皇家学会的信》，转引自（苏）库德利耶夫采夫《物理学史》第2卷第3章。

② （苏）雷托夫主编：《无线电发明的历史》。

③ 转引自（苏）库德利耶夫采夫《物理学史》第2卷第3章。

④ 法拉第：《关于磁力的物理线》，1851年，参见威·弗·马吉编《物理学原著选读》，商务印书馆1986年版，第527页。

⑤ 法拉第：《关于磁力的物理线》，1851年，参见威·弗·马吉编《物理学原著选读》，商务印书馆1986年版，第529页。

⑥ 法拉第：《关于磁力的物理线》，1851年，参见威·弗·马吉编《物理学原著选读》，商务印书馆1986年版，第530页。

理论。

但是，尽管法拉第本人非常强调“场”的实在性，然而，在当时，他的关于“场”的实在性的思想却很少有人接受。科学家们普遍地承认法拉第的“场”的观念是有用的，因为他们很快地认识到，法拉第的场和力线的观念，作为描述电、磁和引力等现象乃是一种十分简便而有效的方法。如果没有这些观念，要解释这些现象就要复杂得多，而且常常难以解释。举例来说，如果引进“场”的观念，那就会很容易解释平方反比定律，不管它是电场、磁场或引力场中的平方反比定律。如图 2－1，一个小球代表中心吸引体，如太阳是一个吸引体，一个阴电荷对于阳电荷也是一个吸引体。把一个检验体（地球或一个阳电荷）放在这个中心吸引体附近，它就会被吸引，而引力则发生在连接这两个物体的连线上。因此，图上的线就恰当地表示了中心体对于检验体在各个位置上的引力的大小和方向：每根线的箭头表示出这个力是朝向中心体的，就是说，它是一种引力；而这些线都是引力场的力线，它们都从一个中心发散出去，因此，它们愈近中心的地方愈密，愈远则愈疏。由于球面积与半径的平方成正比，所以这些力线的密度就与距离的平方成反比，这些力线的密度就对应着力的大小。可见，它恰当地表明了力的大小与距离平方成反比的规律。至于当要解释电与磁相互作用的场合，那么这种“场”和“力线”的观念就更加有用了。它不但清楚地表达了电流的磁效应，而且对于电磁感应定律也能清晰而简单地表述为“导体中产生出来的感应电动势与导线切割磁力线的速率成正比”。试想，如果没有力线和场的观念，要想表述这条定律将会是多么困难。事实上，法拉第还曾用场和力线的观念有效地解释了电容器中绝缘介质的作用问题以及其他许多奇异的现象（如偏振面的磁致转动效应）。

然而，对于 19 世纪的大多数科学家来说，即使他们抱着一种“实在论”的观点，他们也宁肯承认机械论的图景是实在的，而不愿承认法拉第的“场”的图景是实在的。当时的科学家们接受“场”和“力线”的观念，仅仅把它看作描述和解释现象的一种方便的、有效的方法，而并不把它看作一种物理的实在。

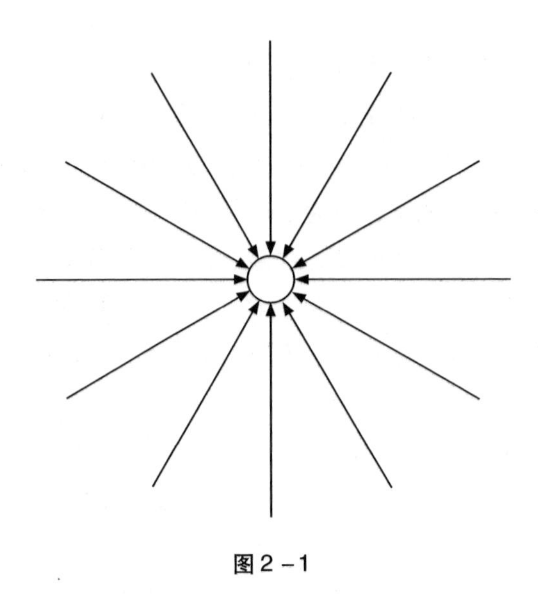

图2－1

而另外还有一些科学家，则更是努力地要使法拉第的发现和场的观念重新纳入到机械论的框架之中，并且取得了相当的成功。例如，法拉第的电磁感应定律，法拉第本人是用场的观念进行解释的，因而显然是近距作用的，同时，法拉第并未能对这个定律做出定量的数学形式的表达。德国物理学家纽曼和韦伯则分别于1845年和1846年各自把法拉第的电磁感应定律纳入到他们的超距作用的框架之下，并首次给出了法拉第电磁感应定律的数学表示式。这在电磁理论的发展史上无疑是个杰出的贡献，纽曼和韦伯的工作曾经为麦克斯韦建立电磁场理论提供了重要的基础。但是，这些科学家要把电磁理论完全纳入机械论的框架却未达到完全的成功。因为他们在把电磁相互作用纳入超距作用观念的同时，又要引出电荷间作用力的大小与它们相互间速度有关的结论，而这显然是与机械论框架相矛盾的。

## 二、麦克斯韦关于电磁场理论之实在性的反复思考

麦克斯韦关于电磁理论的研究工作，最初也是想把法拉第的观念纳入到机械论的框架之中。他曾高度评价韦伯和纽曼的工作，认为“由韦伯和纽曼发展起来的这种理论是极为精巧的，它令人惊叹地广

泛应用于静磁现象、电磁吸引、电流感应以及抗磁现象；并且，由于在电测量中引入自洽的单位制和实际上以迄今未有过的精度确定了电学量，它适宜于指导人们做出种种推测，从而在电科学实用方面取得重大进展。因此，它对于我们而言更具有权威性”[①]。但是，麦克斯韦不满意于韦伯和纽曼的那种与机械论相矛盾的不和谐的结论。他指出：“然而，这种认为粒子在一定距离的作用力取决于它们的速度的假定所牵涉的力学上的困难，使我不敢认为它是最后的结论……”[②]“所以，我宁可向另一方向去找这种事实的解释，那就是，认为这种事实是由周围媒质以及受激物体所进行的作用产生出来的。这样，我们无须假定那能在相当距离起直接作用的力存在，就可说明远距离物体之间所起的作用了”[③]。因此，麦克斯韦宁肯回到法拉第的近距作用的观念，而丢弃纽曼和韦伯的超距作用理论。但是当时他的目标却仍然是要把法拉第的观念纳入到机械论的框架中来。

最后，麦克斯韦通过对机械论的实在性的反复思考，终于建立起他的电磁场理论。

麦克斯韦对于他自己力图构建起来的建立在力学模型基础上的电磁理论，究竟是一种仅仅是为解释现象之方法的“数学理论”呢，还是作为物理实在之摹写的“物理理论”？在这两者之间，他长期是摇摆的；最后，他对于是否有必要为电磁理论构建某种力学模型，也是动摇的。而由他最终构建起来的电磁理论，实际上放弃了机械论框架，揭示了一种由法拉第所创建的新的自然图景。这可以从麦克斯韦的一些主要论著中看出来。

麦克斯韦为创建著名的以他的名字命名的电磁场理论，曾发表了如下具有代表性的论著，即《论法拉第力线》（1855—1856）、《论物

---

① 麦克斯韦：《电磁场的动力学理论》，1865年，参见威·弗·马吉编《物理学原著选读》，商务印书馆1986年版，第550页。此处译文参照陈熙谋、陈秉乾《Maxwell电磁场理论的建立和它的启迪》，载《大学物理》1985年第10期、第11期。

② 麦克斯韦：《电磁场的动力学理论》，1865年，参见威·弗·马吉编《物理学原著选读》，商务印书馆1986年版，第551页。

③ 麦克斯韦：《电磁场的动力学理论》，1865年，参见威·弗·马吉编《物理学原著选读》，商务印书馆1986年版，第551页。

理力线》(1861—1862)、《电磁场的动力学理论》(1865) 和《电磁学通论》(1873)。当麦克斯韦开始他的电磁理论研究并发表他的《论法拉第力线》一文时，他面临着这样的抉择：究竟是发展一种形式化的“数学理论”呢，还是创建一种新的“物理假说”？他认为：“在第一种情况下，我们完全不可能从形式中获得对现象的解释性说明，……尽管我们能从给出的定律中算出结果来。”[①] 而物理假说则能以某种先入之见来促进理论。正像牛顿所继承的历史传统一样，在麦克斯韦看来，物理理论就是能揭示出物理上真实实在的理论。但麦克斯韦强调指出，他并没有把“在那个我们几乎没有进行一次实验的科学领域中，建立某种物理理论”作为自己的目标[②]，认为他的任务仅仅是对“法拉第的思想和方法赋予某种数学的形式”。在《论法拉第力线》一文中他强调：“在这个概述中，我用**数学观点**研究了法拉第的电理论，把自己的任务仅仅局限于发展下述**方法，照我的看法**，用这种方法能更好地概括所有的电现象，并能做可行的**计算**……”[③]

为了能用数学形式来表达法拉第的思想和方法，麦克斯韦认为适当的手段是运用“物理类比”。他所采用的“物理类比”，就是把他所要研究的电磁场与不可压缩的流体进行类比，以便获得某种力学的模型。“在研究电力和磁力的规律时我们不妨先假设：产生这些现象的原因都是在一些已知点之间的吸引力和排斥力。我们打算用不可压缩流体的运动速度和方向来研究这里的力的大小和方向……”麦克斯韦之所以拿不可压缩的流体来与电磁场作类比显然是受到了赫尔姆霍兹和凯尔文关于流体的涡旋运动理论研究的启示。在赫尔姆霍兹和凯尔文的理论中已经指出：在流体运动中，涡旋管将受到与它的前进运动相垂直的力，从而使涡旋管作圆周运动；当存在两种平行涡旋的情况下，包围涡旋的液体运动的图景将是这样：当涡旋方向相同时，

---

① 转引自（苏）库德利耶夫采夫：《物理学史》第2卷第3章。

② 转引自（苏）库德利耶夫采夫：《物理学史》第2卷第3章。

③ 转引自（苏）库德利耶夫采夫：《物理学史》第2卷第3章。黑体字标示是引者所加。

它们将受到斥力；当方向相反时，则将受到吸引力。在麦克斯韦看来，这种情景正好与法拉第所描述的情景十分相似。

从《论法拉第力线》一文来看，麦克斯韦从一开始就十分自觉地要为电磁场理论构建一种力学的模型。“我希望找到这种方法，对于电紧张状态，用这种方法能得到某种可导致普遍结论的力学模型来。”① 麦克斯韦确实通过与不可压缩流体的类比，而构建起了力学模型，并由此得到了一些关于电磁理论的普遍性结论；他借助于流体力学的类比，建立了一组方程，麦克斯韦把它们称作关于“电紧张状态”的六条定律。他指出：“我希望在这六条定律中能对下述思想做出数学表达，根据我的看法，这种思想就是法拉第在《电学实验》一书中思考过程的基础。”② 麦克斯韦非常明白他“为表达法拉第的电紧张状态”而确立的“数学函数”的全部意义，因为它们“是全新的东西”。事实上，这篇论文中的成果成了他往后建立更系统的电磁场理论的重要基础。但是，在《论法拉第力线》一文中，麦克斯韦尽管非常自觉地要为电磁场理论构造力学模型，但他并不认为这种力学模型是对客体的真实写照；他认为把电磁场看作某种不可压缩的流体，这只是为了帮助理解电磁场而提供的某种图解或例证。至于这种假想的液体是否是某种真实的液体，他是毫不介意的，他甚至还强调指出：“这里所讲的客体除了能运动和抵抗压缩外，不具有真实液体的其他性质。”③ 正是从这个意义上，他认为他的任务并不是建立某种“物理理论”。

如果说在《论法拉第力线》一文中，麦克斯韦认为他的目标不是建立“物理理论”，强调他所设想的力学模型并不代表电磁场的真实机制，那么，他在1861—1862年间连续发表的论文《论物理力线》中则有了明显不同的倾向。他开始强调法拉第的“力线”乃是一种物理的存在而不止是一种描述现象的方法。他同样像法拉第那样

① 詹·克·麦克斯韦：《电磁场理论论文集》。参见（苏）库德利耶夫采夫《物理学史》第2卷第3章。

② 詹·克·麦克斯韦：《电磁场理论论文集》。参见（苏）库德利耶夫采夫《物理学史》第2卷第3章。

③ 转引自（苏）库德利耶夫采夫《物理学史》第2卷第3章。

用铁屑在磁铁附近的分布图像来作证，认为这个分布图像“使我们自然地把力线看作是现实的、比两个仅仅作为最后结果的力能表示更多内容的某种东西。……我们不排除下述想法，在我们发现力线的那些点上，应有某种物理状态或效应存在，这些状态和效应有足够的能量，以激发出所提到的现象”①。因此，在这篇论文中，他开始强调他的目标是：“我现在希望从力学的角度来考察磁现象，研究究竟是介质的何种张力或运动激发出了所观察到的现象。”② 也就是说，他的目标是要揭示现象背后的、真实的、客观实在的机制。他仍然认为这种机制当然是力学性质的，尽管他承认他所能够具体地提出的力学模型将只具有假说的性质。但是，“如果我们用这个假说就能把磁吸引与电磁现象和感应电流现象联系起来，那么，在这种情况下，我们就找到了这样一种理论，它可能是不正确的，但其错误只有靠实验才能发现，这种实验可以极大地扩充我们在这个物理领域中的认识”③。

在《论物理的力线》这篇论文里，麦克斯韦进一步引进分子涡旋的概念来精细地构建他的力学模型。在《论法拉第力线》一文中，他还只是把磁的作用与流体运动作某种简单的类比，把磁体看作一类吸管，在一端吸入流体以太，在另一端放出流体以太，以便能够把流体力学理论用来研究电磁场。现在他则不满意于这种粗陋的类比。他设想有一种分子涡旋绕磁力线旋转，若从 S 极到 N 极沿磁力线看去，涡旋将是以顺时针方向旋转的；涡旋的角速度正比于磁场强度，涡旋物质的密度正比于媒质的磁导率。分子涡旋的假设成了这篇论文的核心，这篇论文的各个部分分别是：“应用于磁现象的分子涡旋理论”、“应用于电流的分子涡旋理论”、“应用于静电的分子涡旋理论”、“应用于磁对偏振光作用的分子涡旋理论”。麦克斯韦明白，为了能从这种机构中解释电磁感应现象，就必须对电流与磁涡旋的相互作用做出某种理解。为此，麦克斯韦借助于他所精通的机械学知识，拿带有惰

---

① 转引自（苏）库德利耶夫采夫《物理学史》第 2 卷第 3 章。

② 转引自（苏）库德利耶夫采夫《物理学史》第 2 卷第 3 章。

③ 詹·克·麦克斯韦《电磁学理论论文集》，参见（苏）库德利耶夫采夫《物理学史》第 2 卷第 3 章。

轮的齿轮系统作类比而设想出电磁作用的微观力学机制。他设想每个涡旋同它相邻的涡旋被一层细微的粒子隔开，这些细微的粒子起着齿轮系统中可动惰轮的作用。这些粒子远比涡旋的线度小，它们的质量与涡旋相比微不足道。由于磁体的力线可长时间保持而不消耗能量，因此粒子只有滚动而没有滑动；粒子与涡旋的作用是切向的。麦克斯韦通过计算得到这些粒子的运动与电流相对应。因此电流由这些穿插在相邻涡旋之间的可动粒子的移动表示。粒子的滚动带动涡旋转动，就好像齿条带动齿轮一样。在麦克斯韦看来，这就是电流产生磁力线的机制。然后，麦克斯韦计算了媒质中涡旋运动引起的能量，得出了W. 汤姆生在1853年所得出的磁能公式相同的结果：媒质中的能量密度为$\mu H^2/8\pi$。涡旋运动的能量变化必然受到来自粒子层切向运动的力。麦克斯韦进一步计算了涡旋运动的变化和作用于粒子层之间的力的关系，得出了$\mathrm{curl}E = -\mu\partial H/\partial t$，其中，$\partial H/\partial t$是涡旋的速度变化率，E是作用于粒子层的力。麦克斯韦将这一公式与他在《论法拉第力线》一文中得到的$\mathrm{curl}\alpha = \mu H$相比较，再一次得出了$E = -\partial\alpha/\partial t$，这表明作用于粒子层的力就是感应电动势，也就是描述法拉第的“电紧张状态”的变化率的物理量。由此，他就从这个力学机制解释了法拉第的电磁感应定律①。

麦克斯韦用以解释电磁感应的分子涡旋和粒子层的机构图如图2-2所示。麦克斯韦从这个力学模型出发，不但建立了已知的“全部电科学主要现象之间的联系”，更令人吃惊的是：一方面，他从这个力学机制中，初步得出了“位移电流”的概念，而这个概念对于他最终完成电磁场理论起着十分关键的作用；另一方面与这个力学模型相联系，麦克斯韦根据他对涡旋媒质的弹性结构的特殊假设，导出了电磁波是横波，并且其传播速度为光速的结论。进一步，他又把光和电磁波联系起来，强调地指出：“我们不可避免地推论，光是媒质

① 参见陈熙谋、陈秉乾《Maxwell电磁场理论的建立和它的启迪》，载《大学物理》1985年第10期、第11期。

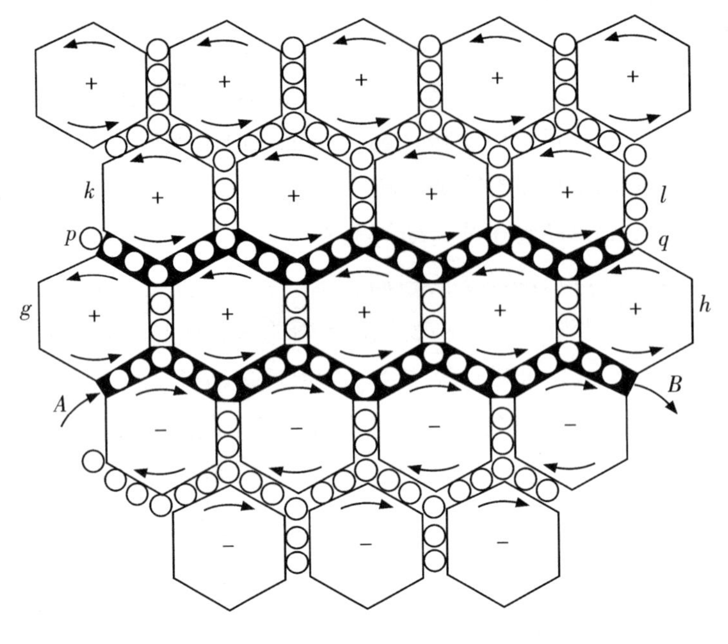


图2－2

中起源于电磁现象的横波。”①

当然，麦克斯韦构建的这个力学模型，实际上还是相当烦琐和牵强的。麦克斯韦自己也承认，要想用这个模型来解释物理现象“是有很大困难的，不能说这个困难现在已经克服了”。由于麦克斯韦所构建的这个力学模型之复杂和解释上的紊乱，以至于当时著名的法国大科学家普恩凯莱曾声称拒绝理解麦克斯韦论文中所说的（模型中的）带电小球是什么东西。而稍后，法国著名的物理学家迪昂则进而讥笑麦克斯韦的机械论，甚至语句间不无愤懑，说阅读着麦克斯韦的论文，就像“走进了工厂”②。这些批评，并不是完全没有道理的。

在今天，麦克斯韦为建立他的电磁场理论而煞费苦心地构建的力学模型，早就成了历史的陈迹；谁也不会再去重视麦克斯韦当年如何

① 参见陈熙谋、陈秉乾《Maxwell 电磁场理论的建立和它的启迪》，载《大学物理》1985 年第 10 期、第 11 期。

② 转引自（苏）库德利耶夫采夫《物理学史》第 2 卷第 3 章。

从他的力学模型中得出了他的著名的麦克斯韦方程组和其他重要的物理概念，但是，麦克斯韦在机械论观念的指导下努力构建的力学模型，在电磁场理论的建立过程中，确实曾起到重要的、杰出的作用。正如玻尔兹曼曾经指出的："但是，借助于力学观念做出了发现。麦克斯韦从近距作用观念出发，借助力学模型证明了解释电磁现象的可能性，他找到了麦克斯韦方程组。只是这模型才首先指出了达到这类实验的途径，这类实验最终彻底地肯定了近距作用的事实。在今天它还是由其他途径得出的方程的最简单的、最可靠的基础。"①

如果说在《论物理力线》一文中，麦克斯韦曾倾心于构造电磁场的力学模型并强调它的物理实在性的话，那么，在往后的论文中，他的观念又发生了重要的变化。在其电磁场理论的公认的奠基性著作《电磁场的动力学理论》一文中，麦克斯韦虽然仍提到为了研究电磁现象需要导入某种"复杂的机械结构"，"这样一种机械结构一定是受到动力学的一般定律所支配的"②，但是实际上他却已不再拘泥于力学的模型。在具体地讨论电磁理论的时候，他避开力学模型而径直地引进如"电磁矩"、"电磁动量"、"电弹性"、"电磁惯性"等概念，这些概念虽然还保留着力学概念的痕迹，但麦克斯韦已经明白，力学的形式与他的电磁理论的内容并不符合，力学概念与他的电磁概念也并不一致。例如，他强调，电磁惯性与力学上的惯性是不同的，电磁惯性与导体的形状和周围的介质有关。反过来，他又回到当初的观念，强调他所给出的力学模型只是为了帮助理解电磁现象而提供的图解性的说明或类比。他在此文中指出："在前一工作（指《论物理的力线》——笔者注）中，我曾试图描述一种特殊的运动和一种特殊的应力，用以解释现象，在本文中，我避免任何此类假设，而使用诸如关于电流感应和介质极化这些熟知现象的电动量和电弹性这样一些词汇，我仅希望指点读者想到一些力学现象，它们将帮助读者理解

① 转引自（苏）库德利耶夫采夫《物理学史》第2卷第3章。
② 转引自（苏）库德利耶夫采夫《物理学史》第2卷第3章。

电现象。本文所有这些用语都应看作是说明性的，而不是解释性的。”①《电磁场的动力学理论》被看作麦克斯韦建立他的电磁场理论的经典性的成熟之作。在那里，他已经建立起了电磁场的普遍方程组，它与我们今天所熟知的麦克斯韦方程组的内容已经相当接近，这是一组包含有20个变量的由20个方程所组成的完备的方程组。麦克斯韦从这组方程中不但证明了电磁场扰动以波的形式传播，在空气中电磁波的传播速度等于光速，而且证明了电磁波只能以横波形式存在，进而还做出光是一种电磁波的结论。至于我们今天所看到的只有4个方程所构成的形式上更简化的麦克斯韦方程组，那是由奥地利工程师兼科学家亥维塞在洛伦兹和赫兹的帮助下，由原麦克斯韦方程组的基础上改造而来的。

麦克斯韦于1873年出版的《电磁学通论》是他关于电磁学研究的集大成之经典巨著。在那里，他进一步沿着《电磁场的动力学理论》一文中所表明的思想转变，重新强调他的理论是对**法拉第方法的数学描述**。认为尽管他的理论也可称作电的动力学理论，但是电与动力学的联系只具有外在的、形式的特点，即数学模型上的特点。在《电磁学通论》一书中，麦克斯韦不但详细地建立了光的电磁理论，而且还进一步做出了光压的预言：“在波传播的介质中，在垂直于波的方向上存在着压强，这压强在数值上等于单位体积中的能量。”所以，“受太阳光线作用的扁平物体，只是它被照射的一面受这种压强，因而该物体将被光从入射的方向推开。很可能，把电灯的光线聚集起来就能得到很大数量的辐射能。这种射线，入射到有极敏感的方式悬挂在真空中的金属圆板上，就可能产生可以明显觉察到的机械效应”②。

麦克斯韦关于存在电磁波的伟大预言通过赫兹1888年所做的著名实验而获得了确证，他的光的电磁理论极大地推进了光学的发展，而他的关于光压的预言也被列别杰夫1900年的实验所确证，这是一

① 参见陈熙谋、陈秉乾《Maxwell电磁场理论的建立和它的启迪》，载《大学物理》1985年第10、11期。

② 转引自（苏）库德利耶夫采夫《物理学史》第2卷第3章。

个自牛顿以来科学史上所曾经出现过的最伟大的理论，麦克斯韦电磁场理论引导人们创造了19世纪末和20世纪以来的技术的新时代。

## 三、麦克斯韦关于实在论的思考给我们的启示

麦克斯韦在前后20余年的时间里，对于他所力图构建起来的建立在力学模型基础上的电磁场理论，究竟是一种仅仅作为说明现象之方法的“数学理论”，还是作为物理实在之摹写的“物理理论”，其看法是长期摇摆不定的。最后，他采取了应作为“数学理论”的态度。

麦克斯韦所说的“数学理论”和“物理理论”究竟是什么意思？这涉及科学史上历来就有的两种哲学传统，即“拯救现象”的传统和“实在论”的传统。当麦克斯韦说他所要构建的电磁场理论是“数学理论”时，他是倾向于认为他的理论只是“由此可以计算出结果”的拯救现象的工具，在哲学上倾向于“工具论”，即把科学理论仅仅看作解释和预言现象的工具的观念。当他说他所构建的理论是“物理理论”时，他倾向于认为他的电磁场理论是力求揭示自然界物理实在的真实机制的理论，是物理实在之摹写，在哲学上倾向于“实在论”。实在论的核心要点是：①成熟科学的理论术语有所指称，例如，就他的电磁场理论来说，就意味着，该理论中所说的电力线、磁力线、电动势这些术语在自然界中都有它的实在对应物；②自然科学的理论和定律对自然界的描述具有逼真性，而且随着科学的进步，它们将愈来愈逼近真理。这里的“真理”一词，是指对自然界的“实在机制”的一致或符合。科学就是追求这种意义上的“真理”的事业。

那么，麦克斯韦在建立电磁场理论的过程中，围绕着对他的电磁场理论究竟应作实在论理解抑或仅仅应当作为拯救现象的工具论的理解，做出了如此长久的反反复复的思考，给了我们一些什么样的启示呢？

第一，虽然科学家们常常不得不思考，科学理论究竟是实在之摹写或仅仅是为了“拯救现象”的说明工具，但是科学家们采取这种

实在论的或反实在论的立场，对于他们实际创造科学理论的科学研究工作来说，并未发生什么严重的影响。尽管麦克斯韦在长达20余年的时间里在实在论与非实在论（工具论）之间摇摇摆摆，但在同一时间里，他在电磁场理论的构建方面却是不断地获得了巨大的进展。因为对于构建理论来说，不管是实在论也好，“拯救现象”的工具论也好，在以下这个意义上是相同的：它们都要求所构建的理论内部是自洽的并且理论的结论要与经验事实相符合。两者之间可能仅仅在这一点上是不等价的：实在论者由于把历史上成功的理论看作对自然界实在的逼近或真实的摹写，因而往往比较容易固守原有的理论，特别是在科学革命的时期，他们常常表现出比较强烈的保守倾向；而拯救现象论者则不受此类观念的束缚，只要一个新理论在“拯救现象”上表现出优于其他理论（如新理论在解释和预言经验事实的广度和精度上，以及在理论的自洽性和逻辑简单性方面优于其他理论），他们就会乐于接受新理论而放弃旧理论。在19世纪末20世纪初的物理学革命中，也曾明显地表现出了这种状况。所以，从这个意义上说，工具论的科学观也许比实在论的科学观更有益于科学的进步。

第二，科学理论往往具有极强的预见性，并可运用于技术发明，而那些技术发明已表明是极其有效的。例如，麦克斯韦理论不但预言了赫兹和列别捷夫的实验结果，而且指导了无线电广播、雷达、电视的发明，而这些发明都表现出十分有效和成功，因而对科学理论作实在论的解释往往是十分诱人的。因为实在论在达到了与工具论相同的结论——理论应当“拯救现象”——以后，企图“深入”一步，通过“证明”理论乃是实在之摹写，或本体符合论意义上的“真理”或“近似真理”，来说明理论之所以往往具有极强预见性的原因。但实在论的困难恰恰是在逻辑上的，他们永远无法证明他们想要“证明”的命题。在实际的“证明”中，他们实际上又是根据理论在解释和预言上的成功来“证明”理论的真理性（对实在之真实摹写意义下的真理性），然后又通过理论的真理性（作为实在之真实摹写）来说明理论为什么能在预言上有效或成功。但是众所周知，这是一个逻辑上无效的循环论证。逻辑还告诉我们，一个蕴涵式的后件为真并不能证明前件为真，因而一个理论在解释和预言上的成功并不能表明理论一定是真的或近似为真的。当然，一个命题不能被证明并不等于这个命题一定是错的，从这个意义上，逻辑并没有表明实在论是错的，充其量只表明了它是缺乏根据的。可是，问题还在于实在论无法解释科学历史所表明的某些基本现象，而且与这些基本现象相矛盾。[①]

第三，实在论的一个核心观念是：成熟科学的理论术语典型地有所指称，即在实在世界中有某种实体或关系是它的对应物。法拉第和麦克斯韦正是围绕着实在论的这个核心观念进行了苦心思索。法拉第经过苦心思索，终于通过铁屑图像的启示而断定“磁力线”和“电力线”都是“确实存在”的，仅仅对于“引力线”的物理存在存有保留的态度，认为“我们迄今知道的是，引力线只是一种表示力的方向的理想线”。麦克斯韦最初在这个问题上比较谨慎，但后来也像法拉第那样，以铁屑图像作为证据断言“电力线”和“磁力线”都是物理的力线，因而都是确实在那里的。相应地认为他所说的“电磁场”以及他用以解释电磁现象而设想的力学机构也是确实在那里的。但是经过进一步的苦心思索，他却又明白，“电力线”、“磁力线”、“电磁场”以及他用以解释电磁现象的“以太管”或“分子涡旋”的力学模型，比起“引力线”来并没有什么特殊的优越地位，它们都仅仅是一些涉及“不可观察物”的理论术语，这些“不可观察物”都是我们理论思维的产物，“证据”（如铁屑图像）的存在并不足以证明它们的实际存在；我们通过发挥丰富的想象力把它们创造出来，以构建理论，仅仅是为了由此就可以解释现象（包括铁屑图像等等）。但为了解释那些现象，原则上是可以通过引进不同的“理论实体”或理论模型的。麦克斯韦在构建他的电磁场理论的过程中，就曾经不断地引进先后不同的理论实体，或不断地修改他的想象中的理论模型。而今天的科学中，科学家们都早就抛弃了他所建构的力学模型，尽管这些力学模型在麦克斯韦构建他的电磁场理论的过程中曾

① 参见林定夷《科学的进步与科学的目标》，浙江人民出版社 1990 年出版，第 15 ～ 16 页。

经起过无比巨大的作用。有人可能会说，麦克斯韦的理论当初还不成熟，所以他所构建的“理论实体”或模型不一定有实在的对应物，然而今天的科学已大大地成熟起来了。对此，我们当然有理由反问：什么叫“成熟”的科学呢？如果麦克斯韦当年所创造的电磁场理论还不是成熟的科学，那么，一百年以后，我们的后辈不也同样会认为我们今天的所有科学都是不成熟的吗？在这个意义上说，将永远不会有“成熟的”科学。既如此，那么实在论主张“成熟科学的理论术语典型地有所指称”还有什么意义呢？

第四，实在论的另一个核心观念是：自然科学的理论和定律对自然界的描述具有逼真性，而且随着科学的进步，它们将愈来愈逼近真理。这里的“真理”一词，是指对自然界的“实在机制”的一致或符合。关于这个问题，麦克斯韦的思考其实已经做出了很好的回答：他强调他的理论只是“数学理论”，而不是“物理理论”；即强调他只求由他的理论所导出的结论（解释和预言）与经验事实相符合，而不是认为他的理论所构造的机制是实在世界的真实写照。我们仔细地进一步推敲这个问题，科学中关于普遍规律的假说，按照其语言类型的特点，我们可以把它们分为两类，并可把它们分别称之为“本质论规律”和“现象论规律”。对于“本质论规律”来说，作为科学假说的普遍陈述，必然包含有观察资料以外的新颖术语，这些新颖术语是通过思维的创造性想象而构建出来的，它指称某种被当作（或假定）是隐藏在现象背后起作用的某种“本质”的东西。例如，在关于物质的原子和亚原子结构的理论中，包含有诸如“原子”、“电子”、“质子”、“中子”、“ψ函数”等等新颖术语，该术语是作为该理论之经验基础的那些观察资料——关于气体光谱、气体比热、云室和气泡室的轨迹、化学反应等等方面的定量测定的观察陈述中所不曾包含的。气体分子运动论、牛顿的万有引力定律、法拉第的电磁感应定律等等也属于这种情况。科学中另一种关于普遍规律的假说，我们称之为“现象论规律”的假说。作为“现象论规律”之假说的特点是：在普遍陈述中，除了在观察陈述中所已经使用的术语以外，不再引进新颖的术语。例如，波义耳定律 PV = 恒量，查理定律$\frac{P}{P_0}=\frac{T}{T_0}$，给·吕萨克定律$\frac{V}{V_0}=\frac{T}{T_0}$，等等。在这些定律的表述中，都没有引进新颖术语，其中所使用的术语，如压力（P）、体积（V）、温度（T）都是在观察资料（那些观察陈述）中已经使用的术语，这些术语是直接描述仪器中所给出的关于“现象”的术语。所以，这些所谓的“普遍规律”的作用，也仅仅限于对可观察现象之间的表观齐一性做出描述。从某种意义上，如伽利略落体定律$S=\frac{1}{2}gt^2$，如果我们仅仅把g看作一个比例常数，而不对它的物理意义做出解释（认为它是由地心引力所引起的“引力加速度”），那么也可以把它看作这种“现象论规律”的一例。对于现象论规律而言，如果我们承认某些直观的、粗浅的前提，那么归纳可以在其中起到助发现的作用和检验准则的作用；而对于“本质论规律”而言，则其发现是靠思维的创造性的建构，归纳不会在其中起任何作用，它是否为真，也不可能依靠观察证据直接检验，只能通过它所导出的结论是否与经验相一致而获得间接的检验。而这种方式不可能检验出普遍规律本身是真是假，而只能检验出这种普遍规律的预言的有效性程度，而这两者是不同的①。因而，对于科学理论和本质论规律而言，我们只能从它们的解释和预言的有效性程度的意义上来谈论它们的“似真性”，而不能从它们与世界本体符合的意义上谈论它们的“近似真理性”。

第五，这里还存在一种困难：即随着科学中仪器的发展，科学中关于所谓的“可观察语词”和“理论语词（理论术语）”的界限也日益模糊。例如，我们前面作为“理论术语”的典型例子所列举的“分子”、“原子”等等，有人会说，现在不是都能够在当代仪器中“观察到它”了吗？据最新的科技报道，人们甚至已经发明出了仪器，能够观察到“氢键”，这不就证明了它们的实际存在吗？对此，不可轻易下结论。因为仪器的背后是理论，那些图像归根结底是在仪器获取某种信息的基础上根据理论构造出来的。那些输入仪器的信息

---

① 参见林定夷《科学的进步与科学目标》，浙江人民出版社1990年版，或见本丛书第2分册第一章。

不等于图像，图像是根据理论重构出来的。于是，仪器所提供的图像，就出现了两种不同的情况。一种是仪器所提供的图像，其本身是具有直接可观察性的，于是，我们可以把仪器所提供的图像与直接观察到的图像相比对，如果它们不一致，那我们可以通过发展某种理论和相应的技术，使它们达到一致或接近于一致，例如卫星图像、监控录像的图像，甚至电视的图像等等。另一种则是仪器所提供的图像是无法和直接观察图像相比对的，这时，仪器所提供的图像只能是理论所构造的图像罢了。当然我们还可以做进一步的努力，那就是按不同的理论制作仪器，看它们所提供的图像是否一致。如果不一致，那就构成科学中的问题，我们努力去修改理论或创造相应的技术，使它们一致起来或协调得起来。但这正如我们的科学进步的三要素目标模型所蕴含的，科学理论应当向着愈来愈协调、一致和融贯地解释和预言愈来愈广泛的经验事实的方向发展。但这样的理论并不等于它是实在之摹写，它仍然是工具论观念之下所得出的结论。使多种理论所构造的图像能相互一致或协调，并没有摆脱仪器所提供的图像是由理论所构造的这种“宿命”。现代仪器的发展，甚至可以向我们显示虚拟世界的图像，这种图像同样是让仪器获得某种信息并依据理论把它构建出来的。

第六，尽管从20世纪以来，由于实在论遇到了许多困难，因而演变出许多新的变种，但就总体而言，其核心内容仍是万变不离其宗。例如，对于实在论的第一方面的核心内容，即成熟科学的理论术语有所指称，不同倾向的实在论，就分别倾向于侧重强调实体实在、关系实在、过程实在或结构实在等等。至于还有许多所谓的“实在论”，则逐渐模糊自己的观点与工具论观念之间的界限，在实质性的观念方面向着工具论靠拢，甚至只是为保留住实在论的“名称”而已。

第七，有一种最粗陋的实在论，认为真理只有一个，同时认为科学理论的真理性只能由实验观察来予以检验。但是，无论从实际上或逻辑上都表明，对应于同一组经验事实，总可以构建出数量上不受限制的多种理论与之相适应。如果理论的真假只能由实验观察事实来检验，那么能够与同样的实验观察事实相一致的理论肯定可以有多种（更何况当理论与观察出现某种不一致时，还可以通过修改辅助假说的办法来予以调节，从而使之一致起来）。尽管在实际的科学工作中，要想建立一种好的、能够解释广泛经验事实的理论，乃是一项十分困难的工作，但无论从逻辑上或实际上，我们都必须承认，不管所要解释的经验事实的数量如何增加，都始终存在着建立多种理论与之相适应的可能性，而这些理论关于现象背后的实体和过程的假设却往往十分不同，甚至互相排斥。虽然实践的进一步检验（实验观察事实的检验）和运行中的理论评价机制将会不断淘汰其中的某些理论，然而却永远不会有这样的时候，即最终只能有唯一的一种理论能够解释那组经验事实的集合。既如此，那种“唯一真理”说，在实践检验这种可操作的意义上还会有什么可站得住脚的东西呢？所能剩下的，充其量不过是一种形而上学空论罢了。

本章中，我们考察了牛顿和麦克斯韦这两位在近代科学中创建了两门最典范、最光辉的科学理论（牛顿的力学理论和麦克斯韦电磁场理论）的最伟大的科学家对于实在论问题的思考，应该是有一定的典型性的。他们的思考应能向我们提供许多有价值的启示。

作为向科学史求教，向科学家求教，所涉及的，除了以上这些问题的思考以外，困惑我的还有其他诸多问题。其中，特别包括有，在科学认识史上，科学理论究竟是怎样得到的？科学理论究竟是怎样检验的？科学理论究竟是怎样发展的？科学进步究竟有目标可言吗？它究竟向着什么目标前进？等等。但关于这些问题的思考，都说来话长，而且关于它们的思考都已经在本丛书的其他小册子上得到了详细的说明和论证，因而在本书中许我不再赘述，望读者阅读本丛书的其他分册。但有一点应当在此简要说明，那就是，对这些问题的广泛思考都让我做出一个结论：实在论问题实在很难做出合理性的论证。而在本书中，我们只想就相关的其他重要方面继续做出尽可能深入的论证。

# 第三章　实在论面临着四个不可解决的难题

为了说明这四大难题，我们不妨从我们人类的认知结构说起。图 3－1 可以大体简要地说明我们人类认知的层次结构的关系。

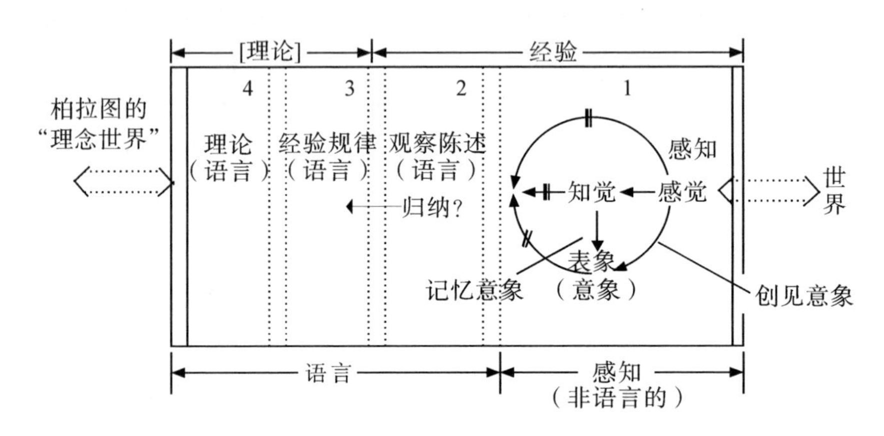


**图 3－1　认识论结构框图**

在这个认知结构（或认识论结构）图中，包含有四个基本部分：①感知。它包括感觉、知觉、表象等相互关联的不同形式。它的特点是非语言的、私人的，除非转换成语言形式，它是不可以在人际间进行交流的。②观察陈述。它具有语言形式，可以在人际间进行交流；一般认为（至少一般的较健全的持经验主义的认识论学说都认为），我们人的感官直接面对外部世界，又通过人的中枢神经系统的协同作用而接受外部世界的刺激，形成关于外部世界之"反映"的人的各种感觉和知觉，然后通过语言形式依据我们的感性知觉（感觉、知觉）对外部世界做出陈述和描述。这就是观察陈述，它以语言形式直接陈述或描述外部世界的可观察现象。③经验规律。它同样具有语言形式。但它不同于观察陈述，观察陈述都是单称陈述，而经验规律则为普遍陈述，通常以全称陈述或概率陈述的形式出现。经验规律作为普遍陈述的特点是，在这种普遍陈述中，除了在观察陈述中所已经使用的术语以外，不再引进新颖术语。由于观察陈述都只涉及可观察事物或事件，因而在经验规律的陈述中，尚未引进关于理论所假想的任何不可观察的实体或过程的术语，或曰“理论术语”。④理论。在科学发展中，科学家们决不会仅仅以获得种种单称的观察陈述为满足，也不会仅仅以获得现象间表观联系的经验规律为满足，正如爱因斯坦所指出：“因为这样得到的全部概念和关系完全没有逻辑的统一性。”所以，为了解释广泛的现象或对众多的经验规律获得统一的、一致性的理解，构建科学理论的任务就被提到日程上来了。为此目的，理论设想或假定在可观察现象的背后，有某种隐蔽的不可观察的实体或过程在起作用，这些实体或过程被假定为受某种理论定律或理论原理所支配，然后借助于这些理论定律或理论原理而解释或导出先前已知的经验现象之间的一致性（经验规律），并且通常还能预见出类似的新的规律。由于理论能从所假定的不可观察的实体和过程及其所遵循的规律中，导出经验所提示的现象间的齐一性（经验规律），因此理论就对那一类现象提供了深入一层的、往往是更加精确的理解。由此，当然容易引起人们（包括一部分哲学家们）的如下设想：**理论“揭示了”**外部自然现象的**“本质”，它所设想的（不可观察的）实体和过程都是实有所指**，即它们在自然界中都是有其对应物的。当然，在图3－1的四个部分中，就“理论”与“经验”简单对立的意义上，我们常常把①②两部分统称为“经验”，把③④两部分统称为“理论”（在图3－1中，我们把它特殊地标为［理论］）。

但是，在我们前面所提示的人类认知结构框架中，我们显然面临着四大基本难题。这四大难题阻挡着我们做出实在论论证（无论是肯定的还是否定的论证）。这四大难题是：①人类的感知与世界的关系问题；②语言与感知的关系问题；③归纳问题；④理论的“多元性”问题。

在我看来，要做出真正有效的（或合理的）实在论论证，就必须直面这四大难题；如果回避这四大难题，其论证就将无效。当然，不同形态的实在论，会面对不同的问题。其中，常识实在论主要面对前两个难题，而科学实在论则至少要面对其中三大难题。其中，“真值实在论”面对着前三个大难题，而流传最广的“指称实在论”则必须面对这全部四个大难题，某种形态的常识实在论也同样要面对这全部四大难题。下面，我们试着对此作些必要的分析。

## 第一节　关于人类的感知与世界的关系问题

在部分的意义上，这可以称之为“贝克莱难题”。我们何以能够断言有独立于人的感性知觉的“外部世界”之存在呢？特别是，我们何以能够断言我们人的感觉、知觉乃是外部世界的摄影、反映或摹写呢？所谓的“常识实在论”就是对于这两个问题做出肯定回答的那种哲学主张。但是，实际上，对于上述这两个问题是不可能做出任何合理的论证的。其基本的困难就在于：归根结底，我们人只能跟自己的感觉经验打交道。我如何能证明在我的面前有一个外在于我的经验而“独立存在”的苹果呢？我的证据只能是：我看到了它，它具有一定的形状和颜色；我能亲手摸到它，我还闻到了它的香味，……最后，我甚至还能拿起它来放到嘴里亲口尝一尝。但所有这些证据，都仍然是我的经验，这些经验并没有能证明哪个苹果“独立自存”于我的经验之外。要证明有独立于人的感性知觉的“外部世界”，这个问题上的困难，就像人的身体不可能跳出自身的皮肤所包裹的空间那样，人不可能跳出自身的感觉经验而断言有独立于经验的“外在世界”。然而，应当强调，尽管我们在这个问题的论证上遇到了不可克服的困难，但这并不意味着我们由此必须做出如王阳明或贝克莱曾经做出过的那种结论：“心外无物”、“存在就是被知觉”。因为这个结论同样是不可论证的，并且实际上将导致更加荒谬的神秘主义。我们健全的理智告诉我们，我们宁肯相信有独立于我们经验而存在的外部世界，外部世界刺激（或曰作用于）我们的感官，引起我们对于相关事物的感觉、知觉。科学（至少是最初的科学）正是建立在这个假定的基础之上的。

但常识实在论遇到的困难还在于第二方面的问题，即我们何以能相信我们的感觉、知觉乃是外部世界之摄影、反映或摹写？恰如我眼前有一张褐红色的书桌，窗外有一片绿色的树林，林间传来了鸟儿悦耳的叫声，右边路旁还插着许多红绿色彩旗……我所感知到的外部世界空间是三维的。所有这些都是对外部世界的“如实的”、“真实的”反映吗？对此，只有那些最浅薄的、未经认真反思的实在论者（他们常常还自称是“彻底的唯物主义者”）才敢武断地对此作肯定的断言。因为这里存在着的一个明显问题是：即使我们承认我们的感觉、知觉是由外在世界的事物刺激我们的感官所引起的，但我们的感觉、知觉显然是外在世界与我们的感官和复杂的神经系统相互作用的产物，因而由外在世界的刺激而引起的感觉、知觉显然是与我们自身感官的构造以及中枢神经系统的构造有关的。外部世界真的存在着红、橙、黄、绿等不同的“颜色”么？外部世界真的存在着鸟儿的鸣啭或其他诸种不同的“声音”么？在我的面前真的存在着结构坚实的书桌么？外部世界的空间结构真的是“三维”的么？合理的答案应当是：它们都不过是我们的感官对外部刺激的响应，这种响应不仅取决于外部刺激，还取决于我们感官的构造等等。同样的外部刺激对于不同构造的感官而言其响应可能是不同的，因而具有不同感官的动物它们所感知的外部世界也将是很不相同的。今天我们知道，蝙蝠能“听到”超声波（即能对外部世界超声波的刺激做出响应）而我们人却不能；猫头鹰能接受红外线的刺激因而能够夜视而我们人却不能；某些低等生物的视野里空间是二维的而我们人却是三维的，此外，还有某些动物物种的视野里的空间可能是四维的，甚或五维的，等等。我们还知道，历史上著名的化学家道尔顿是红绿色盲，在他的眼里，红色和绿色是同一种颜色。我们还知道，在现实的人群中还有其他种类的色盲。所有这一切，都是由于感官的差别所使然。我们并没有理由说，只有我们常人的感官所反映的世界才是真实的外部世界，而其他的却不是；如道尔顿那样的红绿色盲只是一种病态的感官所致，或者更具体些说，色盲乃是由于网膜上的锥体细胞及它们相互连接上有某种缺陷所致。这实在只是以我们大多数人的感官为标准在作判定。

如果世界上绝大多数人的感官都是像道尔顿那样的红绿色盲，那么，如果有谁竟然把红色与绿色区分开来说它们看起来是两种很不相同的颜色，那倒反而会被看作另一种病态了。进一步来说，如果我们相信科学实在论，即认为科学“揭示了”客观世界的“真理”，或认为科学中的理论术语都实有所指，即它们指称着外部世界的实在对象，那么我们就会陷入另一种困惑：常识实在论与科学实在论“打架”。世界上真的存在着红、橙、黄、绿等不同的颜色么？物理学告诉我们说，实际存在的只是不同波长的电磁波；世界上真的存在着音调高低不同的声音么？物理学告诉我们，实际存在的只是在空气中传播并鼓动我们耳膜的不同频率的机械振动（机械波）；我眼前真的存在着一张结构致密而坚实的书桌么？物理学又告诉我们，世界上的所有这些物质都是由原子构成的，而原子又是由原子核和电子所构成。原子实在是空空荡荡的，因为原子核的尺度只是原子尺度的 $10^{-4}$，而电子则更小。所以，如果把一个原子放大到足球场那么大，那么原子核就只有一颗孩子玩的玻璃珠那么大而置在足球场的中央，而电子则只有一粒黄豆或绿豆那么大，在400米跑道上高速度地绕着那颗玻璃珠转（我们暂且不去涉及电子云的概念），在原子内部充满着电磁场。所以，按照科学实在论，如果我们相信科学理论所揭示的是世界的真实情况，而不是仅仅为了用来解释和预言现象的工具，那么，我眼前的这张由原子构成的桌子也并非是结构致密的，而完全是空空荡荡的，放在它上面的笔、纸和书本，也完全是空空荡荡的，因为电磁场对我们的视觉而言应该是透明的。既如此，我们眼睛所见的情况是“真实”的吗？这里的情况似乎在向我们尖锐地表明：我们若要相信科学实在论，那就必须丢弃常识实在论，两者不可兼容，至少两者之间存在着巨大的裂隙。也许，通过今后的切实努力，我们有可能把初看起来不可兼容的两种实在论最终调和起来。但是至少迄今为止，这两者之间的裂痕还是十分巨大以至于令人无法跨越的。所以，在我看来，试图为实在论作切实辩护或论证的人，与其继续悬在空中作某种长篇大论、不着边际的泛泛空论，不如去面对难题作一些脚踏实地的切实工作，包括去消除两种实在论之间的裂隙的工作。当然，要消除这种裂隙的工作很可能是属于科学理论的解释性的工作，而这当然又不可避免地面临着科学理论究竟是“拯救现象”的工具还是实在之真实摹写的问题。

这里还存在着另一个特别恼人的问题，即外部空间究竟是否为三维的问题。确实，我们人的视觉、听觉、触觉以及肢体的运动都能相互协调地、在某种程度上可相互印证地向我们提示：“在我们之外”存在着一个单一的、统一的空间，并且它是三维的；我们的视觉不但能辨别物体的大小、物体间的相互位置，而且能产生深度知觉、物体运动知觉等等，而且这些知觉还能通过我们的听觉、触觉和肢体的运动而获得相互印证。但是，这些就能证明空间及其三维性只是外部世界的性质而与我们的心灵无关吗？抑或它仅仅是我们心灵的先验形式呢？康德在其《纯粹理性批判》中就在反思的基础上提出过一个深刻的问题：“空间和时间是什么呢？它们本身是实在的东西吗？”康德通过反思而认为，我们人所具有的空间和时间意识不是在后天的经验中习得的，而是先天就具有的。因而康德把空间和时间视为人所先天具有的两种感性直观的纯粹形式，并且正是借助于这两种先天的直观形式，才使得我们对外部现象世界的认知获得可能性，使外部杂多的现象界获得一定的结构或关系。根据康德对知识的分类，空间和时间意识不属于“分析判断”一类。所以康德又强调空间、时间乃是人所先天具有的“先验综合判断”或又称为“先验综合知识”，它们是人的心灵组织感性世界的构架。仔细分析起来，我以为，康德把空间及其三维性（注：时间及其一维性也一样）视为人的心灵先天具有的“先验综合知识”乃是十分有道理的，并且也已相当强有力地获得了现代心理学实验的支持。心理学家们为了研究人的空间知觉的起源，对刚出生只有 3 分钟到 10 分钟年龄的新生婴儿进行测试，发觉即使在那种特别嫩弱的年龄段的婴儿，就已经有了原始的空间知觉、听觉定位以及甚至听觉与视觉之间的相互作用（听觉与眼球转动的协调）。现代心理学研究认为，在生命的最早期，至少存在有一种初步的辨别空间的能力。就现代心理学的研究而言，关于我们的空间经验究竟是怎样发生的，对于这个问题的回答，将涉及先天的、随机体发育而成长起来的以及后天经验地习得的诸种因素的微妙的相互影响。但这些因素与其说是互不相容的，毋宁说是相辅相成的，并且各自都有大量实验的支持。空间辨识能力是先天的、随机体发育而成长的，自不待言。但空间辨识能力的进一步成长，如对物体大小、形状、相互间的距离以及视觉深度的辨识能力，又是与后天的经验性训练与习得有很大关系的。当然，这种后天习得的可能性又是与人先天就具有的以视觉为中心的空间感觉机制和相应的能力密切相关的，没有后者作为先决条件，那么后天之经验习得也将成为不可能。但我们对康德的空间观只能认同到这一点为止：即空间是人所先天地具有的对于外部世界的“先验直观形式”；空间及其三维性乃是人先天地具有的“先验综合知识”。用我们今天的话语方式来说，空间及其三维性乃是我们人先天就具有的认知结构（中枢神经系统及相应的各种感觉器官）观察外物的某种先验的直观方式，并且这种直观方式影响并决定我们对世界的认知，直至影响到我们迄今的科学的形态。然而，康德在做出了空间乃人所具有的对外部世界的“先验直观形式”以后，却又要向前跨越一步，强调“空间”“仅在主观中”，意即离开了人的心灵，外部世界并无“空间”（以及时间）这种东西，所以康德一再强调“是以唯从人类立场，吾人始能言及空间，言及延扩的事物，等等”，“空间乃感性之主观的条件，唯在此条件下，吾人始能有外的直观”。[①] 康德做出这种论断，实在是做出了一种过分的跨越。康德何以能做出离开了人的心灵，外部世界并无空间这种东西这样的结论呢？看来，康德在这里是陷入了主客体的绝对对立之中了：空间既然只是人对外物的“先验的直观”，是主观的，那么它就不可能又是“客观的”，即为外部世界本身所具有的。实际上，从进化认识论的角度来看，空间确实是人先天就具有的对外在世界的“先验直观形式”，或甚至是“先验综合知识”。这是由人的中枢神经系统及相应的感官所确定的对外物的认知结构。但是人的中枢神经系统及相应的各种感官及其结构乃是生命系统长期进化的产物。因而这

① 康德：《人类理性批判》，蓝公武译，商务印书馆 1960 年版，第 52 页。

种认知结构对于个体而言，固然是“先天”的，但是对于种系发育而言却又是“后天”的，它是从它的祖先那里以遗传基因（DNA）的方式继承下来的。从进化论的角度来说，人类是从其他物种（它的近亲是类人猿）进化而来的。现代科学已确认，不但人类，而且许多较高等的动物乃至昆虫，都先天地具有空间及其三维性的“先验直观形式”，并非人类所独具。很可能，空间及其三维性这种先天的认知方式乃是生物在进化中适应的产物，是自然选择的结果；这些生物物种如果没有空间及其三维性的先天认知方式，这些物种就可能不能生存与发展，就将在自然选择中被淘汰。这一点，至少说明了并非如康德所言“唯从人类立场，吾人始能言及空间”，也说明了人类以及其他许多较高等的动物物种所具有的空间及其三维性的认知结构，并非与外在世界没有关系；因为从更深层的意义上说，这种认知结构乃是生物进化中适应的产物，是自然选择的结果。当然我们也不能以此为理由，再作另一种逻辑跳跃式的“论证”：既然我们人的中枢神经系统以及相应的感官乃是生物长期进化的产物，是自然选择的结果，那就一定表明空间及其三维性乃是外部世界的真实写照，亦即外部世界本身存在着这样的三维空间。实际上，“适应”与“一致”并不是一回事，某些低等生物的生理结构使它们感知空间的二维性也是一种适应。康德承认我们人的认识只能跟现象世界打交道，“自在之物”不可知，尽管他还是承认“自在之物”或“物自身”是存在的。但是，在空间的问题上，他却又断言“空间并不表现物自身之性质，且不表现物自身之相互关系”。[①] 既然“物自身”是不可知的，他怎么又“知道”空间是既不表现物自身之性质，又不表现其关系的呢？这不有点自相矛盾吗？在空间的问题上，我们是否应当退却下来，既然我们的空间知觉（包括它的三维性）实际上是与我们的中枢神经系统以及相应的感官的结构有关的，不同的生物物种所知觉到的空间可能是二维的、三维的，甚或是四维的等等。所以，关于“客观的”外在世界的空间究竟是二维的或三维的或四维的或更高维

① 康德：《纯粹理性批判》，蓝公武译，商务印书馆1960年版，第52页。

的，实际上是不可判定的，或曰“不可知的”。我们人类所可以值得庆幸的只是，由于大自然的造化，终于让我们人类进化出了（进化本身是包含了许多偶然性的）具有如此复杂结构的生理系统，包括中枢神经系统和相应的各种感官，它们使我们获得了某种特殊的认知结构。在这种认知结构之下，我们先天地具有了空间和时间这两种先验的直观形式，并且空间是三维的，时间是一维的，我们借助于它们来组织和整理感性经验，并且由此使得我们获得了进一步理解外在世界的基础，甚至直至理解出了外部世界的空间“实际上”不可能是三维的。至于何谓“理解”，那么，它的主要标准就要看我们如何发明（不是发现）出合适的理论去有效地“拯救现象”了。为了说明这个问题，我们不妨仍以空间的三维性观念为例。

虽然我们的感官直觉向我们提示，似乎外部世界的空间是三维的。但空间的三维性观念真的能使我们很好地理解我们所“知道”的外在世界吗？20 世纪的物理学获得了巨大的进步，相对论、量子力学相继被创造出来，在此基础上又一方面向微观进军，一方面向宇观进军。微观上，科学家们不但“发现”了原子结构，而且愈来愈深入地“发现”了构成物质之基元的各种“基本粒子”，它们的性状十分奇异。宇观上，科学家们不但“发现”了宇宙膨胀的证据，“发现”了许多性质特异的天体，尤其是“黑洞”，在大量发现的基础上，科学家们还提出了能解释广泛现象的“宇宙大爆炸”理论，描述了宇宙是如何在 130 亿～150 亿年以前（现在初步“认定”为是大约 137 亿年以前）由一个奇点通过一次大爆炸而生成的，甚至还详细描述了它最初创生直至它往后演化的过程。科学家们通过向微观和宇观两个方向的进军，使得我们对于我们生活于其中的世界是理解得愈来愈深入了。但与此同时，科学家们也愈来愈清楚地发现，空间的三维性观念与当代科学所发现的大量的基本科学事实相冲突；他们愈来愈清楚地感到，如果认定物理空间是三维的，那就将很难解释现代科学（包括基本粒子物理学和宇宙学）中所已经发现的许许多多奇妙的现象。如何解决这些问题？于是，科学家们就在所理解的“基本事实”的基础上，苦心思索，去发明理论，以“拯救现象”。这时，科学家们宁可丢弃我们的感官所提供的空间三维性的观念，而提出种种与空间三维性观念相冲突的物理学新理论。其中，尤以美国著名理论物理学家爱德华·威腾所提出的“弦理论”和英国著名理论物理学家史蒂芬·霍金所提出的“膜世界”最为有名。因为迄今为止，正是这两种理论在“拯救现象”上最为成功。就以威腾所提出的“超弦理论”（后来科学界通常把它改称为“弦理论”）为例，由于这种理论能更深刻、更广泛地解释许多十分基本的科学现象，因而自它于20世纪80年代被提出来以后，就受到了全世界主流理论物理学家们的热情关注。而威腾则与霍金一起，被国际物理学界称颂为“活着的爱因斯坦”，更有人把他称颂为“有史以来最伟大的理论物理学家”。这种理论认为，宇宙学告诉我们，我们的肉眼和现有仪器所看到的三维空间正在膨胀。但空间未必是三维的，空间的三维性乃是由我们的肉眼和现有仪器的局限性所致。在实际的物理世界中，可能存在着我们利用现有手段无法观测到的多维空间。这些超出“三维性”以外的空间的多维性，虽然由于我们的肉眼和现有仪器的局限，尚未被直接观测到，但它的许多间接效应却已经显示出来。弦理论认为，现实的物理时空的最大维数可能是11维的（时间一维，空间十维）。这种“弦理论”大大增加了我们对世界统一性的理解。例如，关于物质的基本组成问题，在过去的一个世纪里，物理学家们已经先后发现了数以百计的愈来愈小和愈来愈基本的物质组成元素，这些发现或研究成果最后被总结为关于物质组成的“标准模型”。但这个“标准模型”实在过于复杂，并且由于受到科学中新发现的不断冲击而被迫修改得愈来愈复杂，而且还难于自圆其说。因而这个所谓“标准模型”就受到了追求科学理论的统一性和简单性的物理学家们愈来愈多的怀疑和不满。[①] 然而在弦理论中，这些困难却被消解了。因为在弦理论看来，那些在低维数空间中被观测到的不同粒子，实际上可能只是同一种粒子；在实际的多维数空间中，它们都不过是同一

① 我们曾经指出，追求理论的统一性和逻辑简单性乃是科学的一个目标。见林定夷《科学的进步与科学目标》，亦可见林定夷《论科学进步的目标模型》，载《中国社会科学》1990年第1期。

种粒子在不同方向上运动的表现罢了。最后，弦理论又进一步认为，“标准模型”中的那些性质不同的“基本粒子”，实际上只不过都是一些小而又小的弦闭合圈，因而从本质上讲，所有的粒子都是质地相同的弦。此外，物理学家们发现，标志着 20 世纪物理学革命的两大理论——相对论和量子力学，在深层的意义上两者是相互冲突的。这种物理学中两种基本理论之间的不协调乃至相互冲突的状况，当然令物理学家们十分苦恼。而弦理论却明确地展示出一种前景：有可能把相对论和量子力学在弦理论的基础上协调和统一起来。由于弦理论所取得的成就，它已经愈来愈受到国际科学界的重视。于 2002 年 8 月在北京召开的“国际数学家大会”上，理论物理学中两种竞争理论的提出者——史蒂芬·霍金和爱德华·威腾——都成了大会上最引人注目的“明星”人物。霍金提出的著名的“膜世界”理论，虽然与威腾提出的“弦理论”在理论的基本框架上相异，但所试图解决的物理学基本问题却又是大体一致的，而且两者的理论见解也有许多相同或相通之处。例如，霍金也认为，实际的物理空间可能是多维的，而不是三维的，并且也同样认为物理时空的最高维数可能是 11 维的。因为霍金也同样明白，坚持空间的三维性观念在物理学理论中遇到的困难实在是太大了。至于这两种理论在今后竞争中何者取胜，那就要看这两种理论在发展中何者表现出更优的“拯救现象”的能力了。如果在竞争中又出现了第三种理论，它比这两种已有理论更优，则新理论很可能会取它们而代之。除了“拯救现象”，人们不可能用“是否与存在于现象背后的实在世界相符合”来评价或选择理论。

以上所述表明，我们并无合理的理由可以断言：我们关于外在世界的感觉、知觉，包括空间三维性的知觉在内，都是对外部世界之真实的“反映”，或者认为外部世界的真实情况就恰如我们的感官所提供给我们的样子。因此，可以做出明确结论，常识实在论实在是未能站稳脚跟甚或是完全没有根基的。

附带说一句，我们曾经构建了科学进步的三要素目标模型，根据这个三要素目标模型，我们指出，科学理论追求愈来愈协调、一致和融贯地解释（和预言）愈来愈广泛的经验事实。现代物理学和宇宙学的发展表明我们所构建的科学进步的三要素目标模型是合乎科学实际的，而且对于科学的未来发展是可以起到某种功能性的定向预测作用的。但我们的这个模型正好是批判了实在论的“符合真理论”这种形而上学的、不可捉摸的、虚幻的科学目标基础上的产物。

## 第二节　语言与感知的关系问题

这个困难与前一个困难不同。前一个困难是说我们的感知与外部世界的关系，我们无法证明我们人的感官的感知是对外部世界的“如实反映”。现在我们遇到的则是进一步的困难：我们人的语言与感知的关系问题。通常认为，我们人的感官直接面对外部世界，接收外界事物的刺激，又通过中枢神经系统的协同作用，从而形成感觉、知觉；然后通过语言，依据我们的感觉、知觉，对外部世界的事物做出陈述，即所谓观察陈述，它直接陈述和描述外部世界的可观察现象。但这种见解仍然存在着巨大的困难。

这里首先遇到的巨大困难是我们的语言与感知（感觉、知觉、表象）的关系始终是不清楚的。众所周知，我们人关于对象的感觉、知觉、表象都是一些生动的形象，它们具有私人性质，不可以在人际间相互交流；而语言中所使用的却是抽象的符号（语词或句子等），它以声音或文字为载体来表达或交流思想。语言具有公共性，可以在人际间进行交流。观察陈述常常被视作各人把自己私人的感知表达出来的形式；有了观察陈述这种语言形式，原本属于私人性质的感知（感觉、知觉、表象）似乎就成了可以在人际间进行交流的了；并且观察陈述的正确性是可以有保证的，因为它可以由不同的主体进行核验。由此，观察陈述似乎就有了能正确地表达我们所感知到的外部世界的事实或事件的功能。但是，情况果真有如此简单吗？非也！

让我们先来简要地考察感知的诸形式（感觉、知觉、表象）的内部诸关系。感觉只涉及我们的某一感官受到外部刺激后所获得的单一的经验内容。如我的视觉器官（眼睛）“看到”前方一片红色，或用手触摸对象感到它是凉的（或硬的）等等。知觉是物理世界中的对象作用于我们的感官时，我们的主体对于对象之形象的“直接反映”。曾经有过一种见解，认为知觉是感觉的复合。但现代心理学的实验与理论研究都早已否定了这一结论。尽管当代的心理学研究中仍有许多不同的学派，但这些学派几乎都一致承认：知觉的一个明显特点就在于它是一个统一的、有组织的经验；虽然我们能从决定知觉的影响因素中分析出许多单独的感觉成分，但这些感觉成分来自不同的感官，知觉是大脑对这些感觉因素重新进行加工组合的结果，在这过程中，感官反应以外的许多的因素，如知觉者以往的知识和经验，当下的情绪和目的、态度以及价值观等等都会影响到知觉的形成。更何况外界的条件和我们心灵的内在倾向还会造成我们关于对象的种种错觉。所以，大量的心理学实验表明，不同的知觉者虽然面对着同样的对象或事件，但是他们关于对象或事件的知觉或知觉流却会是很不一样的。至于说到表象，或曰意象（image），其情况就更为复杂了。所谓表象或意象，所指的是我们关于当下并不在我们的物理世界环境中的事物的形象。粗略地说来，我们可以把意象大致区分为记忆意象和创见意象。记忆意象是我们对曾经有过的知觉形象的回忆或重现，例如，我们远离家庭以后，仍然能够回忆或重现出自己父母的形象。但这种回忆或重现，比过去曾经有过的知觉形象来，已经是比较模糊的、朦胧的和抽象的了，常常略去了许多细节甚至重要的内容，所以它不可能是以往知觉的复制。而创见意象则是指新形象的创造，它通过储存在意识中的感觉要素的重新组合，或改造记忆中的表象而创造出新的形象，而这种新形象是不曾出现在知觉中的，甚至是现实世界中也不曾有过的。例如神话小说中的孙悟空的形象，牛头马面或美人鱼的形象，等等。我们人可以运用意象进行所谓的“形象思维”。形象思维与通常的所谓“抽象思维”不同。抽象思维的基本元素是概念，它是通过形成概念和建立相应的语词符号并借助于语词符号进行判断推理来实现的。而形象思维的基本元素则是意象。它常常表现为意象的创造、处理以及各种意象间相互作用的一系列连续流程。正像抽象思维有再生性的思维与创造性的思维之分一样，形象思维也可以分为再生性形象思维和创造性的形象思维。再生性形象思维是对于以往知觉过程的记忆意象的连续流程，创造性形象思维则是创见意象的建立、处理以及种种创见意象和别的思维元素相互作用的连续流程。然而，尽管我们在思维中能把记忆意象与创见意象区分开来，但在实际的形象思维中，则两者难免相互混染，特别是，在我们的记忆意象中常常混杂进许多创建的成分。基于此，语言与感知的关系就更加复杂了。

先说语言与感觉的关系。假定有甲乙两个观察者同时面对着一块红色的立方体小木块。问他们各自看到的这小木块的颜色是什么样的，甲乙两个观察者可能都回答说："它是红色的。"但是，请仔细想想：虽然他们做出的观察陈述是一样的，但这陈述中所使用语词，如"红色"，毕竟只是符号，它被用来指称他们通过感官所获得的感觉。然而，甲乙二人通过他们各自的感官所获得的感觉真的是一样的吗？这却是不能断定的。因为很可能，由于他们两人因各自的感官结构（以及中枢神经系统）上的差异甚至微小的差异，他们所获得的感觉（感觉是感官对某种特殊刺激的响应）是不一样的。只是由于他们自小在学习语言的过程中，大人们按照社会使用的公共语言指着某种颜色告诉他们，这是"红色"，所以甲乙两人虽然对它的实际感觉不一样，却都会使用相同的语言表述说："这是红色。"实际上，对甲乙两人而言，语词"红色"在他们各自心目中所对应的感觉并不是一样的。当然也会发生相反的情况：我们指着另一种颜色的小方木块，问甲乙两人"这是什么颜色?"这时，很可能甲乙两人对着同一对象的光刺激，却做出了不同的观察陈述。甲说："这是橙色的。"乙说："这是深黄色的。"这时，甲乙两人对同一对象的颜色做出了不同的陈述，但能够由此断言甲乙两人对同一对象的光刺激所获得的感觉不一样吗？也不能作此断定。因为也许这是其中一人对自己感觉表述不准确（词不达意），实际上两人获得的感觉是一样的。这里所发生的真正困难就在于：感觉完全是私人性的，它是无法在人际间直接进行交流或比较的。人们使用公共语词，例如"红"，来描述纯属不可交流的私人性的感觉，但这个公共语词"红"对各人而言所对应的私人感觉是否相同，这是不得而知的。这就造成了语言和感知之间的关系不确定性的一个最基本的困难。这方面的困难也特别典型地表现在“味觉”方面。例如，由一位高级厨师烹调出来的一盘牛扒端到了甲乙两人的面前，甲根据以往的经验不愿意吃，乙则一再称赞牛扒好吃。甲在乙的劝说下终于拿起了餐具，但刚尝了一口就把它吐了，说这牛肉味实在难吃。而乙则津津有味地把整盘牛扒吞进了肚子。甲乙两人吃着同一盘牛扒，而且都说尝到的是“牛肉味”，但是能说甲乙两人对语词“牛肉味”所对应的感觉是一样的吗？也许是不一样的，因此甲才觉得它“味恶”，而乙则觉得它“味美”。但也有可能他们对牛肉味的感觉是一样的，只是两人由于生理和心理方面的其他原因，对味觉的价值追求不同，因而甲对于同一味觉感到它“恶”，而乙则对此同一味觉却觉得它“美”。但究竟属于何者，同样是不可判定的。其根源仍在于“味觉”本身在人际间是不可交流和直接比较其异同的。语言和感知的关系的不确定性由此可进而见其一般。

至于知觉与语言的关系就更复杂了。由于知觉是大脑对诸多感觉经验进行重新组合加工的过程，所以决定知觉形象的不仅是作用于感官的各种外部刺激，而且还决定于大脑神经系统主动接受各种刺激时所进行的过滤与筛选以及对这些刺激重新进行的加工和组合，因而在知觉的形成过程中，知觉者以往的知识与经验，以及知觉者当下的情绪、目的，态度和价值观，都会影响到知觉的形成。格式塔学派的心理学家已经做过许多实验：由同一些线条所构成的某个图形，既可以被看成一个标致的年轻女人的侧身像，也可被看成一个形象丑陋的老太婆；或者既可被看作一个海盗，又可被看作一只兔子；还有其他许多诸如可逆的立方体、可逆的梯子等等，就看人们根据以往的经验、需要、情绪、偏好等等因素去如何组织关于这些线条的感觉。这些情况绝不只是心理学家有意设计出来的特例。它们只是比较典型，然而却具有一般意义。实际上，在科学观察中也大量地发生类似的情况。这些情况都说明知觉依赖于知觉者以往的知识和经验以及其他诸多因素。大家知道，一个熟练的医生和一个外行人对同一张 X 光胸透照片所能感知的图像会是很不一样的。熟练的医生能根据他所掌握的理论知识和经验素养，从一张 X 光胸透照片中，看出病人的生理变异或病理变化，所患的是慢性病还是急性病，如肿瘤、肺结核或肺炎，但对于一个外行人而言，从这张 X 光胸透照片中，除了能看到几根肋骨的影，大概什么也看不出来。中医按脉也一样，一个经验丰富的老中医，能感知出脉象的种种不同状态来，而对于一个外行人来说，却完全是另一种情景。由于观察中的知觉受知觉者以往知识和经验等等诸多因素的影响，所以，甚至在两个同行专家之间，面对同一对象，也可能对对象的图形做出不同的组织从而用语言做出不同的判定。汉森曾经依据实际发生的故事而非常有根据地指出："设想有两位生物学家，他们在（通过显微镜）观看同一个制备的切片。你问他们看见了什么，他们会做出不同的回答。一个生物学家在眼前的一个细胞中看到一簇异物，认定这是一个人工制品，是一个由于染色技术不好而形成的凝聚物；它与细胞本身并无关系，正如考古学家的铁铲留下的斑痕与某个希腊古缸的原型并无联系一样。另一个生物学家则认定这是一个细胞器，是'高尔基体'。至于技术，他争辩说：'鉴定一个细胞器的标准方法，就是把它固定和染色。别人发现的是真正的细胞器，为什么你偏偏突出这一技术因素，硬说它是人为造成的产物呢？'"① 这场实际的争论可以持续许久。以上所述，已经可以看出知觉的复杂性和语言与知觉关系的复杂性和不确定性了。至于涉及意象，则情况就更进一步复杂化了呀！

人们通常都以为，观察陈述是人们根据关于对象的感觉、知觉而做出的陈述，而不会把关于回忆性的记忆意象的叙述严肃地称之为"观察陈述"，更不会把带有虚构性的创见意象的叙述称之为"观察陈述"。但在实际的科学观察陈述中却难免这种情况的发生。心理学家 W. H. 乔治在 20 世纪 30 年代曾经报道过一个实际发生的故事，这个故事被往后的心理学家和哲学家广泛地引用来说明观察的易谬性。这个故事是这样的：在哥廷根的一次心理学会议上，突然从门外冲进一个人，其后面又追着一个手里拿着手枪的人。两人正在屋子的中央

① 汉森：《发现的模式》，中国国际广播出版社 1988 年版。

混战时突然响了一枪，两人又一起冲了出去。这一过程从进来到出去总共经历了20秒钟时间。主席立即请所有与会的心理学家写下他们目击的经过。这件事是事先安排的，经过排演并全部录像下来，尽管这一情况与会者并不知道。但是，应当说，这次观察的条件是十分有利的，因为整个过程十分短暂，其场景又惊人得足以引起人们的注意，其细节又是事后立刻记录下来的，而且记录者又都是惯于作科学观察的科学家。但是，所交上来的40篇“观察记录报告”中却错误百出。在这40篇观察记录报告中，只有1篇在主要事实上的错误少于20%，14篇有20%～40%的错误，而其余25篇则有超过40%以上的错误。而且特别值得一提的是，在这些观察报告中，有半数以上的报告中有10%以上的情节纯属臆造。但是，请注意：这些所谓的“观察记录报告”实际上并不是凭观察者当下的感觉、知觉记录下来的，而是事件已从眼前消失以后，观察者凭他们的记忆意象“记录”下来的，虽然这中间的时间间隔非常短暂。这个故事，一方面固然说明观察之易谬性，另一方面也说明在人们的记忆意象中常常混杂进了许多“创见意象”的成分；在记忆中难免混杂进许多虚构的成分，虽然并不是故意的。心理学家们还做过许多与W. H. 乔治所报道的故事相类似的实验，其结果也大体雷同。然而科学家们在许多情况下却不得不依据他们的记忆意象来写出他们的观察报告。至于法庭上的所谓证人的“证言”，则基本上都是依据他们的记忆意象在做出他们的“叙述”，虽然他们并非故意要作伪证，但这种“证言”仍然常常是可错的。

在人们的常识观念中常常以为，我们正是通过观察陈述以语言的形式直接描述着外在世界的事物或事件。所谓的“常识实在论”则正是这种未经认真反思的常识观念的哲学表现。实际上，我们的观察陈述所试图描述的（或直接面对的）只是我们的感知，而感知是纯私人性的、不可在人际间交流或比较的，所以语言和感知之间的关系实际上是不清楚的；又由于感知只不过是我们的感官对外部刺激的响应，这种响应不仅取决于外部刺激，而且也取决于我们的感官和中枢神经系统的构造。因此，我们的感知是否与外部世界一致也是不得而知的。虽然大自然的造化使我们人类进化出某种认知结构，这种认知结构使我们能以各种方式去理解自然，但若试图以实在论方式去理解自然，则我们势将遇到两种不可克服的困难：①我们在感知中不能超越感知的界限；②我们在语言中不能超越语言的界限。虽然这双重困难的联合，在某个角度上反而会使语言与世界的关系简单化，但就总体而言，却正是由于这双重的困难，使得我们无法清晰地谈论语言与世界的关系。迄今为止，哲学家们（包括维特根斯坦）所谈论的语言与世界的关系，都是含混不清或经不起推敲的。

以上我们所讨论的只是实在论所面临的头两个困难。它们表明：试图对实在论论题作正面论证是不可能的。但是，反过来，读者也容易明白，以上的讨论也表明，试图对实在论论题作否定性论证也是不可能的。因为以上的讨论只是清晰地揭示了实在论试图赖以建立于其上的关系的不确定性，而不是它的否定性，而这种不确定性也正好不允许我们对实在论论题做出否定性的回答。

实在论论题面临的类似的基本困难还有另外两个，即归纳问题和理论的多元性问题。由于篇幅所限，下面我们只对这两个问题作简要的说明。

## 第三节　归纳问题

众所周知，在科学的认识过程中，观察陈述都只是一些单称陈述，但科学却追求着某种普遍陈述。问题是科学中的普遍陈述是如何得到的？如何证明普遍陈述为真或为真的概率？这就无可避免地马上要涉及归纳问题。我们曾经指出，所谓归纳问题，实际上是由这样两个命题引起的：一方面我们肯定已知的某些科学理论、原理、规律是真理，甚至说它们是千真万确的、不可移易的真理，或者至少说它们在一定程度上（一定的概率意义上）已经表明是真理；另一方面又说，一般规律只能在观察的基础上通过归纳得到，或者其真理性要通过归纳来证明。承认这两个命题，必然引起逻辑和认识论上的困难。进一步推敲起来，只要承认普遍命题为真或一定概率意义上为真，并且它的真理性要通过单称陈述来证明，那就无法摆脱这个归纳问题的困境。而人类通过实践或实验与观测所获得的都只能是单称陈述。这是人类认识史上所面临的最重大的难题之一。

凡同时承认上述两个命题的理论和观念，我们称之为“归纳主义”。在科学中，同时承认这两个命题的大有人在，它们几乎被认为是一种“常识”。自近代科学产生以来，曾经有许多著名的大科学家强调这种归纳主义的观念。伽利略说：“归纳法只要用最适合于概括的个别实例来进行证明，就具有证明的效力。”牛顿曾经强调：“在实验哲学中，我们必须把那些从各种现象中运用一般归纳而导出的命题看作是完全正确的，或者是非常接近于正确的”；“实验科学只能从现象出发，并且只能用归纳从这些现象中推出一般的命题”。[①] 直至20世纪以后，还有许多科学家一再地强调归纳。例如，普朗克曾说：在物理学的研究中，“除了归纳法以外，别无他法”。著名的数学家兼物理学家普恩凯莱则说：“物理学的方法是建立在归纳法之上的。”[②]

但归纳法的基础是什么？深究之下，所谓归纳法，即能够从许多的观察陈述（单称陈述）中归纳出为真的普遍命题，所依据的就是这样一个“原理”：“如果大量的A在各种各样的条件下被观察到，而且所有这些被观察到的A都无例外地具有性质B，那么，所有的A都具有性质B。”这个原理由于是归纳借以进行的基础，所以通常被称为“归纳原理”。既然科学中的普遍原理都要在观察的基础上通过归纳得到或其真理性要通过归纳来证明，那么，这个归纳原理就成了一切科学的最基本的原理。

但是，这个归纳原理如何得到证明呢？对于这个问题，归纳主义者通常可以用两种方式回答：一是我们可以从逻辑上加以证明；二是我们的经验（大量的科学实践的经验）证明了这个原理。然而，实际上这个问题是不可能从逻辑上也不可能从经验上获得证明的。

大家知道，正确的逻辑证明应当具有如下特征：其结论必须是通

---

① 塞耶编：《牛顿自然科学哲学著作选》，上海人民出版社1974年版，第6页。

② 普恩凯莱：《科学与假设》，商务印书馆2006年版。

过一定的逻辑程序从它的前提中必然地引申出来的；如果论证的前提是真的，那么结论必定是真的。我们知道演绎推理具有这种特征，如果归纳推理也能具有这种特征，那么归纳原理当然也就得到了证明。但实际情况并非如此。因为假如归纳推论的前提（那些单称陈述）都是真的，但我们按照归纳原理所得出的结论却可能正好是假的；相反，当我们否定这个由归纳所得的结论时，逻辑上与前提也并不发生矛盾。例如，在英国人征服澳洲以前，生活在欧洲的当地人，他们祖祖辈辈所见到的天鹅都是白的，于是他们得出结论："凡天鹅皆白。"他们得出这个结论完全是符合归纳原理的，但这个结论正好是错的。反过来，假如当年欧洲竟然有一个人，他尽管承认我们所见到的天鹅都是白的，但他却说："并非所有的天鹅都是白的。"他这样说，与他所承认的前提也并不矛盾。如果后来竟然在澳洲发现了黑天鹅，他的这句话还会成为一句惊人的成功预言。所以，在归纳法中，前提和结论并没有必然的联系；从前提并不能必然地引申出结论。

那么，归纳原理不能从逻辑上得到证明，是否能从经验上（或曰实践上）得到证明呢？归纳主义者通常就是这样认为的。其主要的论据就是这样：我们的实践经验表明，归纳在许许多多场合下都有效。例如，我们从实验的结果中归纳出来了光学定律，这些光学定律已经在许多场合下运用于光学仪器的设计，并使这些仪器获得了很好的性能；又如，从天体运动的观察中归纳出的行星运动规律，已经每每成功地预测日食、月食、星食的发生。类似的例子还可以举出万有引力定律、能量守恒定律、电磁感应定律等等，经验都表明它们是有效的。于是归纳主义者就得出结论：所有这些事实表明，归纳原理是普遍有效的。

但是，正如早在18世纪中期英国哲学家休谟就已指出的，上述那种对归纳原理的证明是完全不能接受的。因为它是一个循环论证。在这里，用来证明归纳原理之正确性的依据，正是归纳原理自身。具体来说，它的论证方式如下：

归纳原理在 $X_1$ 场合下成功地起了作用。

归纳原理在 $X_2$ 场合下成功地起了作用。

归纳原理在 $X_3$ 场合下成功地起了作用。

……

---

所以，归纳原理总是起作用。

在这个论证中，企图断言归纳原理正确性的这个结论是一个全称陈述，而其前提则是列举了归纳原理在许多场合下获得了成功的单称陈述。所以，这个论证也是一个归纳论证，其所依据的也是归纳原理。用归纳原理当然不能证明归纳原理自身。

这就是所谓的归纳法之合理性所面临的第一个困难。这是一个直接与归纳原理相联系的困难。所谓“归纳问题”主要也是指的这个问题。但是归纳法在逻辑和认识论上还面临着其他诸多困难，甚至还会导致悖论，我们在这里就不再赘述了。

由于与前述“归纳原理”相联系的朴素的归纳主义面临着许多巨大的困难，并由此受到了种种严厉的指责和反驳，于是想在科学中坚持归纳法的哲学家们就在发展中不断地改变他们的观点，其中最重要并值得讨论的一种就是向概率退却。他们承认，从大量的观察陈述中，借助于归纳，我们并不能保证得到确实的真结论，归纳得到的结论只具有或然性。并且强调：如果我们借以进行归纳的观察数目愈大，这些观察在其中进行的条件愈是多种多样，那么，这种归纳结论成为真的概率就愈高。经过如此这般地修正以后的归纳主义观点，它所依据的“归纳原理”就应表述为：“如果大量的 A 在各种各样的条件下被观察到，而且这些被观察到的 A 都无例外地具有性质 B，那么，所有的 A 可能具有性质 B。”

但是如此表述的归纳原理就能克服归纳问题的困难吗？仍然没有的。问题仍然在于，这样的归纳原理如何得到证明呢？出路仍然只可能有两条：诉诸经验（或曰“实践检验”）或诉诸逻辑。但如果想通过诉诸经验来证明这种概率形式的归纳原理，必定仍然会陷入循环论证的困境，即被用来证明这个归纳原理之正确性的根据，是这个归纳原理自身。十分清楚，所谓“实践是检验真理的唯一标准”这种庸俗哲学背后所依据的、未曾自觉且未曾言明的前提就是这个归纳原理。另一种可能性是诉诸逻辑。从直观上看来，这样一个原理是有可能被证明的。因为从前提可以合乎逻辑地得出它的结论：“所有的 A 可能具有性质 B。”而这个命题的否定形式“所有的 A 不可能具有性质 B”，实质上是与它的前提相矛盾的。但是更加谨慎而不是粗枝大叶的归纳主义者必定知道他们面临着进一步的困难。因为他们既然认为“据以进行归纳的观察事实愈多，条件愈是多样，归纳结论为真的概率就愈高”，那么，他们就必须为此做出论证：为什么当支持一个普遍原理的观察陈述的数目增加时，这个普遍原理为真的概率就增加起来呢。这个问题直观上似乎是“不成问题”的，但真正深究起来，就遇到了不可克服的困难。因为既然谈到了概率的增加，自然就要做出定量的比较。那么，当我们假定确切地知道支持某个普遍原理的观察证据的数目时（例如 100 个吧），这个普遍原理为真的概率究竟是多少呢？正是这样一个简单的问题，马上使概率形式的归纳原理陷入了困境。因为科学中的任何一个普遍性概括（科学原理和定律都是严格的全称陈述）其潜在的检验对象都是无限的。因此，根据任何一种概率理论，这种普遍性概括不管有多少有限数目的支持证据（在科学中，我们的观察次数总是有限的），它为真的概率（成真度）总是零。实际上，观察支持的数目的增加决不会提高一个普遍原理成真度的概率；反之，任何普遍原理，不管其观察支持的数量如何，其成真度总是零。这个结论也就危及上述以概率形式表达的归纳原理。

由于归纳问题的困难在科学哲学中导致了严重的科学信念危机，所以，归纳问题或归纳原理的合理性问题，长期以来，始终是科学哲学中的最为严重的问题。罗素曾经在其《西方哲学史》一书中发出这样的感叹：如果归纳问题的合理性得不到合理的解答，“那么在神志正常和精神错乱之间就没有理智上的差别了。认为自己是水煮荷包蛋的疯人，只是由于他属于少数派而要受到指责”，如果否定归纳法或归纳原理的合理性，“则一切打算从个别观察结果得出普遍科学规律的事都是谬误的，而休谟的怀疑主义对经验主义者来说便是不可避免的了”。德国著名的科学哲学家兼逻辑学家赖兴巴赫也强调归纳原理遭到质疑的严重性。他说：“这个原理决定科学理论的真理性。从科学中排除了这个原理就等于剥夺了科学决定其理论的真伪的能力。显然，没有这个原理，科学就不再有权利将它的理论和诗人的幻想的、任意的创作区别开来了。”赖兴巴赫希望能对归纳问题做出合理的解答。

但是通过国际科学哲学界的进一步的讨论和研究却表明，归纳问题或归纳推理的合理性问题是不可能从逻辑上得到论证的。这就给国际的科学哲学界带来了莫大的困惑。在这种困惑中，波普尔做出了别出心裁的特殊的回答。波普尔对这个问题的回答是：不存在归纳，科学中也不存在归纳；归纳问题是由于错误的科学观念所产生的误解造成的。波普尔一再强调：“我的观点是：不存在什么归纳”[①]，“不存在以重复为根据的归纳法”[②]，“我否认的是：在所谓的‘归纳科学’里，存在着归纳”[③]。由于他否认归纳，于是他认为，他已经以这种方式解决了归纳问题。他宣称：“如果我是对的，那么这当然就解决了归纳问题。”[④]

但是，波普尔真的解决了归纳问题吗？没有，完全没有！不但如他所说的“不存在归纳”，“科学中也不存在归纳”，这种观点，不符合人类认识史的事实，也不符合科学的事实。即使退一步承认他的“普遍观念完全不是从单称陈述归纳得到”观点，他也没有能解决归纳问题。原因就在于他主张实在论。他宣称：我赞成“实在论”或“常识实在论”。因而他主张本体论意义上的与事实相符合的“绝对的”、“客观的真理”。然而，作为普遍命题的真理性如何证明呢？正如我们前面所讲的，只要承认普遍命题为真或一定概率意义上为真，并且它的真理性要通过单称陈述来证明，那就无法摆脱这个归纳问题

① 波普尔：《发现的逻辑》，科学出版社 1986 年版，第 14 页。
② 波普尔：《客观知识》，上海译文出版社 1987 年版，第 7 页。
③ 波普尔：《科学发现的逻辑》，科学出版社 1986 年版，第 14 页。
④ 波普尔：《无穷的探索》，福建人民出版社 1987 年版，第 153 页。

的困境。因此，就综合命题而言，只要我们试图承认普遍命题的真，它就不可避免地要遇到归纳问题的坎，因为谈论综合命题的真，最终只能通过单称的观察陈述来证明。波普尔也一样。波普尔要坚持实在论，要坚持科学理论（普遍命题）为真或一定的概率意义上为真，而这种“真”又必须通过单称陈述来证明，于是他就不可避免地仍要陷入归纳问题的困境，尽管他试图通过否认归纳在科学发现中的作用来企图躲避这个困难，也无济于事。问题在于，如何通过许多单称陈述来证明普遍陈述为真？波普尔宣称，科学的目的是发现“绝对的”、“客观的真理”。他认为：“一个理论可以是真的，即使没有人相信它，即使我们没有理由接受它，或者没有理由相信它是真的；而另外一个理论可以是假的，尽管我们有很好的理由来接受它。”[①] 他声称，这样的“真理的概念看来在分析知识的增长过程中对我帮助很大”[②]，并认为，这样的真理概念对于他来说具有“不可回避”的性质，因为“客观意义上的真理，作为与事实的符合，它的作用相当于定向原则，它的地位可与那永远包裹在云雾中的山峰的地位相比。登山者不仅登上山峰很困难——他可能不知道他什么时候到达山峰，因为在云雾之中他无法分辨出主峰和次峰。但是，这对于山峰的客观存在并没有影响。如果登山者告诉我们‘我不能确定是否到达了真正的山峰’，那么这就蕴含着他承认山峰的客观存在。错误的观念和怀疑的观念（在它的通常的直接意义上），蕴含着我们可能没有达到客观真理的观念”[③]。“只有考虑到这个目的，即真理的发现，我们才可以说，我们是可误的，并希望从自己的错误中学习。只有真理的观念，才允许我们有意义地谈论错误，谈论合理的批评，才使得合理的讨论成为可能——这就是说，为了接近真理，我们需要利用批判性的讨论来寻找错误，我们需要尽可能地清除这些错误。因此，错误的观念以及可误的观念，已经包含有以我们可能还没有达到客观真理作为标准的意思（真理的观念正是在这种意义上，才是一个定向的

① 波普尔：《猜想与反驳》，上海译文出版社 1986 年中文版。
② 波普尔：《猜想与反驳》，上海译文出版社 1986 年中文版。
③ 波普尔：《猜想与反驳》，上海译文出版社 1986 年中文版。

观念)。”[1] 十分明显，波普尔这里所坚持的“科学目标是与事实符合的真理”的观念，正是与我们曾经所批判过的那种常识性的朴素观念相一致的。这种观念与爱因斯坦关于“真理”的见解相去甚远。爱因斯坦在谈到“科学真理”的时候曾经讲到：“‘科学的真理’这个名词，即使要给它一个准确的意义也是困难的。‘真理’这个词的意义随着我们所讲的是经验事实，是数学命题，还是科学理论，而各不相同。”[2] 而在讲到科学理论的真理性时，他又曾指出：“物理学的概念是人类智力的自由创造，它不是（虽然表面上看来很像是的）单独地由外在世界所决定的。我们企图理解实在，多少有些像一个人想知道一个合上了表壳的表的内部机构。他看到表面和正在走动的针，甚至还可以听到滴答声，但是他无法打开表壳。如果他是机智的，他可以画出一些解答他所观察到的一切事物的机构图来，但是他却永远不能完全肯定他的图就是唯一可以解释他所观察到的一切事物的图形。他永远不能把这幅图跟实在的机构加以比较，而且他甚至不能想象这种比较的可能性或有何意义。但是，他完全可以相信：随着他的知识的日益增长，他的关于实在的图景也会愈来愈简单，并且它所解释的感觉印象的范围也会愈来愈广。”为了容忍一个已经广为传播的信念，爱因斯坦又勉为其难地做出了一个让步，就在前面那句话后面，他又紧接着针对他所说的“关于实在的图景”不无勉强地补充说：“他也可以相信，知识有一个理想的极限，而人类的智力正在逐步接近这个极限，也就是这样，他可以把这个理想的极限叫作‘客观真理’。”[3] 但十分明显，爱因斯坦在这里所说的“客观真理”，已经不是与客体相符合的意思，而只是能解释愈来愈广泛的经验事实的意思。就实质而言，爱因斯坦的这些论述实在是言简意赅并且是十分深刻的。确实，当我们讲到“真理”一词，当它所涉及的是经验事实，是数学命题，还是科学理论时，它的含义是很不相同的（详

---

① 波普尔：《猜想与反驳》，上海译文出版社1986年中文版。

② 爱因斯坦：《爱因斯坦文集》（第1卷），商务印书馆1976年版，第244页。

③ 爱因斯坦、英菲尔德合著：《物理学的进化》，上海科学技术出版社1962年版，第20页。

细内容请参见本丛书第一分册）；而且科学理论所假定的机制，我们不可能从它与实在客体相符合或相一致的意义上谈论它的真理性，我们只能从它能够解释和预言经验事实的意义上谈论所构建的理论或所假定的机制像是有理的，或者看起来像是真的。但这样的“像是真的”或“看起来像是有理的”理论将不止一个。而我们也不可能断言哪一个才是实在论意义上是“真”的，因为我们永远不可能把我们所设想的机制与实在的机构相比较，甚至也不能想象这种比较的可能性或有何意义（详细分析请参见本丛书第二分册）。

看来，波普尔自己也曾疑虑过他自己的那种观念，但由于他错误地理解和误用了塔尔斯基的语义学意义上的真理论而使他重蹈覆辙。他后来一再说，正是塔尔斯基的真理论使他坚信科学的目标是追求那种本体论意义上的“绝对的”、“客观的真理”。他说：“我相信塔尔斯基的伟大成就，他的理论对于经验科学的真正的哲学意义，在于这样的事实：他重建了绝对的或客观的符合真理论，这种理论表明，我们可以自由地使用它来作为与事实符合的真理的直观观念。”他还说：“看一看科学知识的进步，许多人都深有感触地说，尽管我们不知道究竟离真理有多远，却能够越来越接近真理，并且经常不断地逼近真理。我自己过去也说过这样的话，但总觉得昧着良心。只是近来我才开始考虑。这里所涉及的真理概念究竟是不是这样危险？是不是这么含糊？这么形而上学？我几乎立刻就发现，情况不是这样的，并且发现，将塔尔斯基的根本思想运用于真理之上，并没有什么特殊的困难。”他宣称：关于科学的目标是追求本体论意义上的与事实符合的“绝对的”、“客观的真理”，“自塔尔斯基以后，我不再害怕这样说了”。他借助于塔尔斯基的真理论来论证了他自己的“与事实符合的真理”论：

我们应该首先考虑下列两个表述，其中的每一个都很简洁地陈述了（用元语言）在什么条件下，一个特定的判断（属对象语言）与事实相符合。

陈述和判断“雪是白的”与事实相符合，当且仅当雪确实是白的时。

陈述和判断“草是红的”与事实相符合，当且仅当草确实是红的时。[①]

塔尔斯基本来只是从语义学的角度上对真理下定义，为此他强调应区分“元语言”与“对象语言”，如此就能避免语义上的悖论。从语义学和逻辑学的意义上，塔尔斯基的真理定义显然是正确的。但波普尔却要用塔尔斯基的真理定义转而用来论证他自己的“与事实符合”的真理论。这样一来，真理就不只是命题之间的等值关系问题，而是一个命题与外部世界的“事实”符合。如此，势必要发生两个方面的困难：

第一，仅就观察语言来说，由于在科学中观察深深依赖于理论，这就已经会使他的元语言中的语句的真值成为悬案。

第二，更严重的困难来自于他企图以同样的方式来讨论科学理论的真理性或与事实相符合。

为此，他抹杀科学理论结构中的内在原理、桥接原理与作为它们的逻辑后承的各种导出命题之间的原则性区别，并且企图仅仅依一个理论的逻辑后承（经验内容）来表明一个理论的真假即一个理论与世界本体的符合，并认为，这样一来，他就“已将真理的概念与内容的概念融为一体”[②] 了。据此，他创造了一个“逼真性”或“逼真度”的概念，以用来表征一个理论对真理的接近程度。他说：“如果我们遵循这种假定（也许是虚假的）：一个理论 a 的内容和真理内容在原则上是可量度的，那么我们可以略微超出这个定义，并可以定义 $V_s(a)$，也就是 a 的逼真性或相似真理性的量度，最简单的定义是：$V_S(a) = C_{tT}(a) - C_{tF}(a)$。此处，$C_{tT}(a)$ 是 a 的真理内容的量度，$C_{tF}(a)$ 则是 a 的虚假内容的量度。显然，这个定义满足了如下两个要求，即（a）当真理内容 $C_{tT}(a)$ 增加而虚假内容 $C_{tF}(a)$ 未增加时，以及（b）当虚假内容 $C_{tF}(a)$ 减少而真理内容 $C_{tT}(a)$ 未减少

---

① 波普尔：《猜想与反驳》，上海译文出版社 1986 年中文版。

② 波普尔：《猜想与反驳》，上海译文出版社 1986 年中文版。

时，逼真性 $V_s(a)$ 增加了。”[①] 在波普尔看来，一个理论一旦形成，他的逼真性就是一个确定定量，是不随时间而变的。因为一个理论一旦确立，它的所有的逻辑后承的真值都是由它传递给它们的，而这些逻辑后承与世界的比较，就决定了它的真理内容 $C_{tT}(a)$ 和虚假内容 $C_{tF}(a)$ 的量。所以从原则上说，$C_{tT}(a)$ 和 $C_{tF}(a)$ 都与它是否经受经验检验无关，因而也与时间因素无关。但是，问题在于：①一个理论的潜在的逻辑后承是无限的，既如此，我们如何能够确定一个理论的 $C_{tT}$（a）和 $C_{tF}$（a）的量呢？②从科学理论的结构的分析中，我们知道，科学理论作为解释现象的工具，往往要设想某种并不由经验所直接提示的实体和过程，并假定这些实体和过程受某种深层规律（内在原理）所支配，进而通过某种桥接原理（对应规则）而与经验现象相联系；以它们作为解释现象的机制，由此导出各种经验规律并进而（结合一定的初始条件和边界条件）可以导出可与观察经验相比较的各种检验蕴涵。

科学理论关于现象背后的机制的假定（内在原理和桥接原理）是理论的主体，它相当于波普尔用做类比的“云雾中的山峰”，而理论所可能导出的所有检验蕴涵，则相当于波普尔所说的“理论的内容” $C_t(a)$。两者之间的关系可以被（粗略地）看作前提和它的逻辑后承之间的关系。但是，逻辑告诉我们，一项推理（蕴涵式），其结论（后件）为真，并不能表明它的前提（前件）为真。因此，波普尔的“山峰”将永远被笼罩在密密的云雾之中，其结果将仍如爱因斯坦所比喻的——合上了表壳的表。尽管我们可以看到表面和正在走动的针，甚至还能听到滴答声，但是永远无法打开表壳。如果我们是机智的，我们可以画出一些能够解释所观察到的一切事物的机构图来，却永远不能把这幅图跟实在的机构加以比较，而且我们甚至不能想象这种比较的可能性或有何意义。波普尔为了解决第一方面的困难，即企图使他的逼真性 $V_S(a) = C_{tT}(a) - C_{tF}(a)$ 具有意义，又建立了确认度的概念，确认度是用以表征一个理论直到某一时刻 t 为止

① 波普尔：《猜想与反驳》，上海译文出版社 1986 年中文版。

所经受的检验的程度，所以确认度是一个与时间指数（或人们对一个理论的检验程度）有关的量度。但是，波普尔如何能使他的确认度与理论的逼真性这两者之间搭起桥梁来呢？确认度显然是一个与经验检验有关的认识论概念，它受到多种因素的影响。由于观察依赖于理论，一个理论的确认度甚至将因与之有关的观察性理论的变化而变化。但波普尔所强调的逼真性概念却不是这样，它“不是一个认识论概念”，认为“近似真理性或逼真性的概念具有与客观的或绝对的真理的概念同样客观的特征以及同样理想的或定向的特征”[①]。因此，波普尔没有也不可能成功地在其间建立起任何可行的桥梁。当要回答一个理论的“逼真性”或“你怎么知道理论 $t_1$ 具有比理论 $t_2$ 更高程度的逼真性”时，波普尔不得不承认：“我仅仅是猜测，我并不知道”[②]；确认度“不可能是理论逼真性的量度”[③]。但是，尽管如此，波普尔还是要生硬地强调：“然而，我可以批判地检查我的猜想，如果它经受了严峻的批评，那么这个事实可以看作是支持这个猜测的一个好的批判性的理由。”[④] 因此，可以把确认度“视为与其他理论比较，它的逼真性在 t 时如何表现的指标。因此确认度是在就两种理论外观上接近真理问题进行讨论的特定阶段，在这两者中择优的指导”(同上)。应当承认，波普尔的确认度概念对于评价和选择理论多少还是有一定意义的，尽管它仍然比较含糊。但是，既然确认度不可能是逼真性的量度，而逼真性除了单纯地靠确认度来“猜测”以外不可能再有别的量度方式，那么，当我们实际地评价或选择理论时，真正有意义的就只是理论的确认度，而逼真性却只是一种毫无意义的多余的概念。如果波普尔一定要以他的确认度作为猜测理论逼真性的合理的判据或批判性的理由，那他势必陷入与他自己反归纳主义立场自相矛盾的境地，或曰陷入归纳问题的泥沼而不能自拔。

总而言之，如果波普尔不能用他的确认度来表征他的逼真性，他

---

① 波普尔：《猜想与反驳》，上海译文出版社 1986 年中文版。
② 波普尔：《猜想与反驳》，上海译文出版社 1986 年中文版。
③ 波普尔：《猜想与反驳》，上海译文出版社 1986 年中文版。
④ 波普尔：《猜想与反驳》，上海译文出版社 1986 年中文版。

的 $C_{tT}$（a）和 $C_{tF}$（a）最终都不可能量度，也不可比较，而他的逼真性由于仅仅与理论的逻辑后承有关，因而又不能用来表明理论所假想的存在于现象背后的实体和过程与自然界“隐蔽客体”的符合或逼近，那么，他的逼真性连同他的本体论意义上的“绝对的”、“客观的真理”，就只不过是一些形而上学的概念，他关于科学的目标是“永远包裹在云雾中的山峰”的假定只是一些形而上学的假定，人们尽管可以抱有这种形而上学的信念，但对于实际地评价科学理论的优劣或讨论科学进步的合理性，却没有实际的意义。他的这些概念和信念，尽管不一定像他所曾经担心过的“那么的危险”，却仍然没有摆脱他曾经担心过的“这么含糊”、“这么形而上学”的处境。在波普尔的学说中，对于科学理论的评价和选择以及科学进步的合理性的讨论，真正有意义的是他的确认度和可证伪性标准，而他的逼真性和与本体符合论的绝对的客观真理的概念与他的证伪主义学说其实并无必然联系。正如他自己曾经犹豫过的：“从某一点看来，在我的科学进步的理论中，似乎不要它也行。”① 确实，没有它也行，而且没有它更好。有了它，陡然增加了一些形而上学的概念和假定，而且理论上也更加混乱。根据这些假定，波普尔为我们“展示了（?!）”永远不可捉摸的科学的虚幻的目标。如果我们企图以此为基础来讨论科学进步的合理性，那就将使我们永远陷于迷茫之中。

总而言之，由于实在论要承认与世界本体符合的真理论，而普遍命题的真理性要由单称陈述为依据，因而不可避免地要陷入归纳问题的困境，可以说，归纳问题与实在论问题是如影随形地相联系着的。而归纳问题是不可能通过逻辑或经验来解决的。这就是实在论所遇到的第三个不能解决的难题。所以实在论只能是一种没有意义的、无可论证的形而上学信念。

为了摆脱实在论的困境，并为了合理地讨论科学的进步和科学理论的评价与选择，讨论科学中假说（或理论）的检验与修正的结构与性质，以及讨论科学中“问题”的价值、产生的机制和通道等等

---

① 波普尔：《猜想与反驳》，上海译文出版社 1986 年中文版。

重要的课题，使科学中的这些活动真正可以有某种起“定向作用”的依据，我们提出了不同于波普尔的像“笼罩在云雾中的山峰”那种所谓科学的目标，而是提出了某种实际可检测的目标。在我们看来，科学的实际可检测的目标，应是如下三项的合取：①科学理论与经验事实的匹配，包括理论在解释和预言两个方面与经验事实的匹配，而这种匹配有包括了质和量两个方面的要求（值得注意的是，我们所说的匹配，绝不意味着只能依经验事实为准绳，单向性地要求理论与它们相匹配；由于观察的背后是理论，观察同样可错，因而，科学理论与经验事实相匹配，原则上是可以相互调节的）。②科学理论的统一性和逻辑简单性的要求。③科学在总体上的实用性。在这个基础上，我们从总体上摆脱了实在论所面临的各种难题，提出了更加合理和合乎科学实际的科学观，依据这样的科学观，我们指出，科学理论应当向着愈来愈协调、一致和融贯地解释和预言愈来愈广泛的经验事实的方向发展。我们的科学进步的三要素目标模型，受到了国内学术界的高度好评，被认为是比到目前为止国际上已有的各种模型更优的一种模型。

## 第四节　理论的多元性问题

这个问题是实在论，尤其是指称实在论所直接面对而无可回避的问题。因为指称实在论的核心观点是：成熟科学的理论术语必定有所指称，即实在世界中有某种实体或关系是它的对应物；否则，就“无法理解”科学理论在解释和预言现象方面有如此高度的有效性，除非出现了不可思议的“奇迹”。然而，科学史与科学发展的现实情况，以及逻辑本身，却都又明确地告诉我们，无论从实际上和逻辑上，我们都必须承认，对应于同一组经验事实，总可以构建出数量上不受限制的多种理论与之相适应，而这些理论关于现象背后的实体和过程的假定却往往十分不同，甚至相互排斥。科学史还向我们表明，随着科学的发展，科学理论在解释和预言现象的功能方面是愈来愈强或愈来愈有效了，但是科学史上相继出现和更迭的理论，就它们所假定的存在于现象背后的实体和过程而言，却并没有表现出向一个“确定方向”逼近的趋势。实际上，科学理论在解释和预言现象方面的有效性，与它所假想的存在于现象背后的实体和过程的具体假定并无必然联系，与有效性真正相关的是理论的构造的巧妙性和严密性。正如普恩凯莱和爱因斯坦等著名科学家所曾经一再强调的，科学理论中（关于现象背后的实体和过程）的概念，归根结底是思维“自由创造”的产物，科学家试图通过尽可能少的概念和关系的规定（约定），去覆盖愈来愈广泛的经验。归根结底，科学理论关于所假想的存在于现象背后的基本实体和过程的种种假说，始终不过是一种猜测；即使从心理上认为可能猜中也罢，但从逻辑上说，由于我们只能从由它所导出的检验蕴涵去对它进行检验，因而即使它的所有检验蕴涵迄今为止都被证实为真，我们也始终没有逻辑上的理由可以证明这些关于基本实体和过程的假定是真的。因此，指称实在论认定成熟科学中的理论术语有所指称，或曰实在世界中有某种实体或关系是它的对应物的论点，实在是难以站住脚跟的。但是，我们的这个论证，也并不能用来支持反实在论的论题。因为既然是一种“猜测”，也就有可能“猜中”。因而，由此我们并不能做出“科学中的理论术语不可能有外在世界的对应物之所指”，或如翟振明教授所言“经验世界本身不是本体，在其后面也没有本体”这种结论。我们只能说，问“科学理论术语是否有所指称”这样的问题，本身是没有意义的，因为在任何情况下，其答案（无论是肯定的还是否定的）都是不可判定的。在这个问题上，我认为爱因斯坦的如下见解实在是深刻的（尽管爱因斯坦的哲学见解并非始终一贯）。爱因斯坦曾经指出：“物理学的概念是人类智力的自由创造，它不是（虽然表面上看来很像是的）单独地由外在世界所决定的。我们企图理解实在，多少有些像一个人想知道一个合上了表壳的表的内部机构。他看到表面和正在走动的针，甚至还可以听到滴嗒声，但是他无法打开表壳。如果他是机智的，他可以画出一些能解答他所观察到的一切事物的机构图来，但是他却永远不能完全肯定他的图就是唯一可以解释他所观察到的一切事物的图形。他永远不能想象这种比较的可能性或有何意义。但是他完全可以相信：随着他的知识的增长，他的关于实在的图景也会愈来愈简单，并且他所能解释的感觉印象的范围也会愈来愈广。”[①] 事实上，我们前面所曾经论及的空间是否为三维性的问题以及威腾和霍金的工作，又为爱因斯坦的这个见解提供了一个很好的注脚。

① 爱因斯坦、英费尔德：《物理学的进化》，上海科技出版社 1962 年版，第 20 页。

# 第四章　结论：主张一种非实在论但不反实在论的工具主义科学观

于是，我们又回到了我们前面曾经做出过的结论：实在论问题实际上只是一个形而上学的问题，无论对这个问题的肯定性回答或否定性回答都同样是没有意义的。因为对于它们，实际上都是不可检验、不可判定的。科学是预言和解释经验现象的工具，并且，随着科学的发展，它正在成为预言和解释经验现象的愈来愈有效的工具。这就是我所主张的既非“实在论”又非“反实在论”的工具主义的科学观。这种工具主义的科学观在实在论与反实在论之间是中立的，或曰“中性”的，或者可以说是“不予理会”的，因而可以说它是非实在论却不反实在论的科学观。有人可能会说我的科学观是彻头彻尾地不可知论的。但我却要辩解说，我的这种科学观，仅仅是对在康德的“自在之物”意义下和空间的实际维数意义下的“实在”认为是“不可知”的，但从科学能理解世界并能预言和解释现象的意义上，它却完全是可知论的，并且是坚持着真正合理的科学理性主义的。这种合理的科学理性主义并不排除在实际的科学发展中非理性因素的存在及其作用。